JN194085

ローカル局の戦後史

九州朝日放送の70年

KBCグループホールディングス 編

ミネルヴァ書房

ローカル局の戦後史——九州朝日放送の70年

目次

第Ⅲ部　未来への布石

序章　民放には戦後史しかない

KBC ラジオの第一声は，このマイクからオンエアされた

九州は福岡に、ＫＢＣ九州朝日放送というローカル局がある。先の大戦が終わって数年後、日本でも民間放送が認められるようになり、全国の都市で次々と産声を上げた放送局の一つだ。ただし、この局は一度手にした放送予備免許を返上するなど、難産だった。ラジオ放送を始めてからも赤字続きで、二度の本社移転とテレビ放送進出でようやく経営を軌道に乗せた。以来、時に逆風が吹きつけ、思わぬ横波を浴びながらも、なんとか七十年を生き抜いて来た。地域情報の発信に活路を見いだしたからだ。昭和、平成を経て令和の今、放送局から「地域をプロデュースする企業グループ」への進化をうたうまでになった。

日本には二〇二四年四月現在、放送法でいう「基幹放送事業者」が五百七十七社ある。そこから衛星放送系と市町村範囲のコミュニティー放送事業者を除くと、百九十四社となる。これが一般的に「放送局」と呼び習わされてきた存在で、地上波テレビや中波・短波・ＦＭラジオを県域またはそれ以上の広域で放送している。ＫＢＣはその一社に過ぎず、東京のキー局のように民放を代表する存在ではない。ただ、誕生までのいきさつや新聞社資本の動き、政治や地域社会との関係など、ユニークなエピソードを数多く抱え、意外な登場人物が交錯してもいる。そこから透けて見える日本の社会や放送業界の姿もあるように思われる。

ＫＢＣの七十年は、「ローカル局の戦後史」を切り取った断面でもある。コンテンツのインターネット配信が興隆し、放送業界の先行きが不透明ないま、地域におけるメディアのありようが問われている。KBCの歩みを振り返ることは、日本の民放、とりわけ地域を拠りどころとするローカル局の将来を考える何がしかの材料になるかもしれない。

そもそも、日本の民放はすべて戦後生まれである。だから、KBCを含めローカル局には戦後史しかない。もちろん、ラジオ放送それ自体は戦前から日本にあった。ではなぜ、民放は戦前にはなかったのか、いや許されなかったのかをまず確認しておきたい。そのうえで、終戦後の占領期に、民主化の動きと「新日本建設」の掛け声の中、地域ごとに民放が生まれた道筋をたどることにしよう。

戦前のラジオとは

ラジオ放送の歴史は、発明王エジソンの下で助手をつとめたカナダの技術者レジナルド・フェッセンデンが一九〇〇年に無線を使用した音声送信の実験に成功したことから始まる。彼は一九〇六年のクリスマス・イブに、米マサチューセッツ州の自宅から個人で「世界初のラジオ放送」をオンエア。その後、世界各地で試験的な取り組みが続けられ、一九二〇年一一月二日、米ピッツバーグ市に設立されたKDKA局が、放送局として公の放送を開始した。最初の番組は米大統領選挙の開票結果だった。このことは放送というメディアが生来、ニュースと政治そして国家と密接なかかわりを持っていることを象徴している。

日本でラジオ放送が始まったのは米KDKA局に遅れること四年半後。一九二五（大正一四）年三月二二日に公益社団法人の「東京放送局」が東京・芝浦の東京高等工芸学校（現在の千葉大工学部の前身）から仮放送を開始した。

実はその数年前から、米国の動向を受けて、大阪朝日新聞、大阪毎日新聞、東京日日新聞、報知新聞などの大手新聞社がラジオの実験放送イベントなどを手がけ、事業化を模索していた。そこに一九二三（大正一二）年九月一日、関東大震災が起こり、ラジオの実用化に拍車がかかった。情報を素早く、一度に多くの人に届けるという、ラジオ放送の速報性、拡散性が注目されたからだ。

ラジオ放送に手を挙げる民間の事業者に対し、逓信省（現在の総務省の前身）は翌年、免許許可の指針を示した。東京、大阪、名古屋の三大都市に一局ずつ、「土地の有力者、新聞社、通信社および無線機器事業者をもって合同経営させる」というものだった。戦後の民放への免許交付時にとられた、申請者の一本化調整という行政手法の源流はここかもしれない。

もっとも、当初は株式会社と想定していた放送事業の担い手を、逓信省は土壇場で「公益社団法人」に変更し、民間ビジネスの道を閉ざした。さらに、一九二五年に開局したばかりの東京、大阪、名古屋の三法人を翌年には解散させ、これを一括する日本放送協会として再スタートさせた。地域を背景にした民間による新事業への機運はそがれ、新協会の主要役員を逓信省出身者が占めたことで、国家主導、中央集権の放送体制が作り上げられていく。

三大都市から外れた九州に目を転じると、福岡、熊本、長崎の各市でも放送局設立に向けた動きはあった。福岡では福岡日日新聞（西日本新聞の前身）など地元紙や博多商業会議所（福岡商工会議所の前身）が放送局設立の「許可」陳情を繰り広げたが、中央で日本放送協会に一本化されたのを受け、協会の出先放送局を誘致することに転換。局設置は福岡が有力視されていたが、内閣改造で逓信相に熊本出身者が就いて潮目が変わった（ＮＨＫ福岡を語る会編 二〇〇二）。

結局、九州で最初の放送局は一九二八年六月一六日、ＪＯＧＫ熊本放送局として開局した。九州のカナメをめぐる福岡と熊本の因縁の争いは、「熊本に放送局、福岡に演奏所（スタジオ）」という落としどころでひとまず決着した。しかし、芸どころ福岡のスタジオで音曲や話芸を収録し、専用線で熊本放送局に届けた上でオンエアする方式では、熊本からの電波が弱くて福岡では聴きづらい。結局、二年後の一九三〇年一二月六日、ＪＯＬＫ福岡放送局も開設された。現在、ＮＨＫの九州・沖縄地区を束ねるのは福岡拠点放送局である。ただし、放送行政を所管する総務省の九州総合通信局は熊本市に置かれている。

ラジオと戦争

戦前のラジオ放送の営みは社団法人日本放送協会の歴史であり、日中の十五年間に渡る戦いと一九四一（昭和一六）年からの太平洋戦争に重なる。政府と軍部によるメディアの締め付けが強まる中で、「旧日本放送協会は一九四五年の敗戦に至るまで戦争協力を訴える国策的な放送を行ってきたが、それは協会の成立過程・時代状況からして当たり前だったのであり、そこには例えば新聞社や雑誌社のように〝抵抗と挫折の物語〟があるわけでもない」（大森　二〇二三）。一九四五（昭和二〇）年八月一五日正午、ポツダム宣言受諾を告げる昭和天皇の玉音放送が、戦前のラジオ放送に終止符を打った。

玉音放送を企画、実現した下村宏・国務大臣情報局総裁は、戦時中に日本放送協会会長（一九四三年五月～四五年四月在任）を経験しているが、かつて大阪朝日新聞社の役員（のち朝日新聞社副社長）として一九二五年二月のラジオ実験放送で自らマイクを握った人物である（坂本　二〇　二二）。国務大臣情報局総裁の前任者である緒方竹虎もまた朝日新聞社の副社長経験者で、玉音放送から十日後には早くも「連合軍の進駐を前にして」と題してラジオで語りかけている。戦後初の東久邇宮内閣で文部相に就いた前田多門は九月一〇日、やはりラジオで「文化日本の建設へ」と呼びかけている。彼もまた長く論説委員を務めた朝日新聞社ＯＢで、翌年には東京通信工業（ソニーの前身）の初代社長に就くなど、ラジオに縁が深い。緒方はこの後、故郷の福岡でＫＢＣの設立にもかかわることになる。

放送は戦後をこう歩み出した

戦前の日本に、ラジオ放送はあったが民放はなかったというのは、普通選挙はあったが女性に参政権はなかったということと通じるものがある。

戦後のラジオ放送の歩みは、戦前の日本放送協会に対する批判・反省から始まった。それはまた、

ＧＨＱ（連合国軍最高司令官総司令部）の対日占領政策、そして新しい時代に期待を寄せる地方からの民間の動きに呼応している。「終戦と共に転換し、生まれ変わった放送の方向は、放送が民衆自身のものであり、聴取者のものである、ということであった」（『ラジオ年鑑』一九四七年版）というのはあまりに教科書的、優等生的な記述だが、放送に携わる者の願望も投影されているのだろう。

『民間放送七十年史』（日本民間放送連盟編　二〇二一）は簡潔に、「一九五〇年四月に電波法、放送法、電波監理委員会設置法（電波三法）が成立するまでの間は、日本放送協会による放送の独占を維持しようとする流れと、戦後憲法のもと電波を民間に開放し新しい放送を始めようとする流れが交錯した」と記す。

ＧＨＱは日本政府が続けて来た新聞報道や放送に対する統制を撤廃させた一方で、ＧＨＱ自身も批判報道は禁止し、マスメディアを規制していた。それでも、放送法立法の理念として「放送の自由」「不偏性」「公共サービスの責任完遂」「技術基準の順守」の四原則を示し、放送の民主化をリードする形となった。*

終戦から五年、電波三法の成立により、それまでの社団法人日本放送協会による放送独占から、特殊法人に改組した新しい日本放送協会（ＮＨＫ）と民放による「放送二元体制」が形作られることになった。** 戦後の新しい放送の枠組みは、ＧＨＱによる占領期の終盤に出来上がった。電波三法の施行は一九五〇年六月一日だが、同月二五日には金日成率いる朝鮮人民軍が韓国侵攻を開始し、朝鮮戦争が勃発した。日本で独立主権回復の動きが進むとともに、経済は朝鮮戦争に伴う特需に沸いた。

＊　四原則はＧＨＱ側の説明者の名をとって、「ファイスナーメモ」と呼ばれる。

＊＊　日本放送協会が略称としてＮＨＫを使用し始めた時期には諸説あるが、ＧＨＱ占領下で一般化し、電波三法施行と同時期の一九五〇年に商標登録、五九年に定款に盛り込んでいる。放送二元体制を語る際は「ＮＨＫと民放による」というのが通例となっている。

民放の創始に名を連ねる

電波三法成立に呼応して、同年九月までにラジオ局設立に名乗りを上げた企業、団体は全国で七十二社に上った。うち九州からは六社で、その中にはＫＢＣの始まりともいえる「久留米放送」もあった。福岡市や久留米市だけでなく、大牟田市や飯塚市といった炭鉱都市からも手が挙がっており、地方からも「戦後ベンチャー」機運が高まっていたことがうかがえる。

こうした動きに、政府の電波監理委員会*は同年末、「さしあたり東京に二局、その他の地域に各一局」という免許方針を示し、申請者間での調整、一本化の話し合いが続いた。この過程で、久留米放送は西日本新聞社の後ろ盾をにおわせる「西日本放送**」に名を改め、最終選考に残った。

その結果、翌一九五一年四月二一日付けで民放最初の予備免許を得たのは、東京一社、大阪二社とその他十二都市に各一社、合わせて十六社だった。この狭き門で、県庁所在地でもない久留米市の西日本放送が金的を射止めた。これが、ＫＢＣの前身である。九州からはもう一社、福岡市のラジオ九州（現在のＲＫＢ毎日放送）が入り、都道府県単位で見れば東京都は別として、大阪府と並んで福岡県からも例外的に二社が免許を得たことになる。

民放の創始となる十六社は同年七月二〇日、日本民間放送連盟（民放連）を設立する総会を開いた。しかし、この記念すべき創始メンバーに名を連ねながら、西日本放送は落ちこぼれ、免許返上に追い込まれた。

＊　通信・放送の監督にあたる独立行政委員会として、一九五〇年六月から五二年七月まで政府に設置された。米国の連邦通信委員会（ＦＣＣ）を念頭にＧＨＱが設立を示唆したとされ、日本の独立主権回復後に、その機能は郵政省に吸収された。

＊＊　現在の西日本放送（ＪＯＫＦ、本社高松市）とは関係がない。同社は一九五三年七月に「ラジオ四国」として開局、「ラジオ香川」を経て五六年一〇月に「西日本放送」に改称している。

第Ⅰ部　新たな幕が開いた

第一章　夜明けは、涙雨のち朝日

ラジオ番組の街頭録音で，デパート旭屋の前に集まった久留米市民

サンフランシスコ平和条約の締結によって日本が独立主権を回復した一九五一（昭和二六）年、民放の第一陣が相次いで開局した。前年に勃発した朝鮮戦争による特需で日本経済は潤い、各局の広告収入は順調に立ち上がった。しかし、五三年三月にソ連の絶対的指導者スターリンが死去して世界経済にショックを与え、七月に停戦が宣言されるとともに日本は不況期に転じた。一度はつまずき、再チャレンジしたKBCのラジオ開局はちょうどこの時期に重なった。

創立はいつ、起源はどこ

人も組織も、その源をどこに定めるか、どのように遡るのかは、後代に委ねられるのが常だ。例えば、民放連が制定した「民放の日」は毎年四月二一日だが、これは一九五一（昭和二六）年のこの日、日本で初めて民間ラジオ局に予備免許が交付されたのを記念している。しかし、組織としての民放連が正式に設立総会を開いたのは同年七月二〇日である。その六週間後の九月一日、名古屋の中部日本放送（現・CBCラジオ）と大阪の新日本放送（現・MBSラジオ）が第一号を競ってラジオ放送を始めている。民放がスタートした日をいつにするのが良いのかを業界として思案し、予備免許の交付日に落ち着いたということのようだ。

KBCは一九五三年八月二一日を会社創立の日としている。しかし、記録をたどっても、この日に何かあったわけではない。前身である「西日本放送」がラジオ放送の予備免許を得たのはその二年四か月前のことだし、いったん免許を返上しながら、奇跡的に再び予備免許が出たのは五三年五月一六日である。商号を「九州朝日放送」に変更して創立の株主総会を開いたのは同年八月一八日だった。では、なぜ八月二一日なのか。会社の設立登記の日付がこの日だったからにすぎない。

民放の先陣を切った十六社の中で唯一、開局までこぎつけなかった西日本放送。それが源流であるというのは、誇らしいかどうかはともかく、その前史なくして今のＫＢＣはないというのも事実だ。その前史を少したどってみよう。

中原繁登という新聞記者がいた。終戦後、西日本新聞社で久留米支局長を務めていた。彼は「電波三法が成立して、民間放送なるものが認められることになり、それじゃあいっそ、われわれの手で放送局を作ろうではないかと思い立ったわけだ。日本は武力のみか文化の戦争でも敗れた。今後、日本は地方都市にいたるまで、ラジオ局を作って文化の向上を図る必要がある」（九州朝日放送編　一九八三）と考えた。地元紙記者としての顔の広さを活かし、「ラジオ局設立趣意書」を手に久留米市の経済人に呼びかけて回った。地元デパート旭屋の中原隆三郎社長（のちＫＢＣ初代社長）や特需に沸く地元の「ゴム三社」、ブリヂストン、日本ゴム（現・アサヒシューズ）、日華ゴム（現・ムーンスター）らがこれに応えた。最初は「久留米放送」、その後は「西日本放送」としてラジオ局設立に名乗りを上げた。

進駐軍と地元の有力政治家

筑後平野の中心都市とはいえ、久留米市は県庁所在地でもなく、当時の人口は十三万人に過ぎない。にもかかわらず、西日本放送はなぜ民放第一陣の十六社に入ることが出来たのか。中原繁登は「三十年史」で次のように推測している。

「当時、久留米のルーテル教会にいたネービー牧師は、私のよき理解者であった。米軍民事部に働きかけて、いろいろ側面から援助してくれた。放送機器についても積極的に相談に乗ってくれ、あちこち手ごろな現物を物色しては、すすめてくれたり、資金の援助、返済の方法など好意ある手をいろいろ考えてくれた。私の感じでは、免許に導いた陰の力として、占領下、アメリカ側のこうした応援が功を奏したのではないか――と思っている」

同市は帝国陸軍第一八師団が置かれていた「軍都」でもあり、終戦とともに進駐軍がとってかわった。進駐軍の地方軍政組織が「地方民事部」と呼ばれていたのは一九四九年七月から五一年六月までであり、中原繁登の回想と合致する。

ネービー氏は日本福音ルーテル久留米教会*の宣教師で、一九四八年に二十五歳で来日。久留米を拠点に筑後地方で十年間、伝道にあたった。その後もルーテル学院大で教鞭をとるなど、一貫して宗教者であり、ＧＨＱに政治的な影響力を発揮した痕跡は見当たらない。当時、米軍は基地内の軍人、軍属とその家族向けにラジオを放送しており、その関係者に中原繁登を紹介したのではないか。ラジオ局の設立申請が構想だけにとどまらず、具体的に放送機器類の手当てまで出来ていたことは、予備免許取得を後押しすることになったと考えられる。

さらに、同市出身の政治家が与党・日本自由党の石井光次郎であったことも、予備免許を手繰り寄せることにつながった可能性がある。石井は戦前、朝日新聞社で専務取締役まで務めた後、終戦直後の一九四六年の総選挙で福岡一区（当時は大選挙区制）から代議士に初当選。翌年には商工相に就くものの公職追放に。解除されたのは一九五〇年一〇月で、民放予備免許の半年前だ。中原繁登は、地元の有力政治家である石井と、その姻戚である石橋正二郎ブリヂストン社長にたびたび相談していたことを明らかにしている。

石井は朝日新聞社の求めに応じる形で五一年、民放第一陣として大阪で予備免許を得た朝日放送（ＡＢＣ）の初代社長に就任している。電波監理委員会は当初、大阪の予備免許枠を一社としていたが、朝日新聞社と毎日新聞社がともに譲らず、「例外」として朝日放送と新日本放送の二社が認められた経緯がある。

ラジオの予備免許を大阪に二社、県庁所在地でない久留米市にも、という二つの「例外」に石井の存在が見え隠れする。彼は一九五二年一〇月の総選挙で福岡三区（当時は中選挙区制）から政界に復帰。

その直前に朝日放送の社長を辞任し、翌年には早くも第五次吉田内閣で運輸相に就任している。

＊　一九〇一年創設で、所在地は久留米市日吉町一六の三。KBC創業の地に近接している。

プロ野球の余波であてが外れる

西日本放送は幸運が重なって、一九五一年四月二一日に民放第一陣として予備免許（コールサインJOGR）を得た。＊にもかかわらず、一年を待たずに返上に追い込まれる。とにもかくにも、資金が集まらなかったからだ。五二年一月二九日、中原繁登は上京して郵政省を訪ね、予備免許返上の手続きをとった。「電波史上、極めて特異な末路」であり、「情けない思いであった。電波監理局でもあきれていた」と述懐している。

開局に向けた資金について、中原繁登は自身が属する西日本新聞社が乗り出してくれると信じていた。しかし、そのあては外れた。誤算の遠因は、プロ野球だった。

この当時、二リーグに分裂した直後のプロ野球で、一九五〇年の一シーズンだけ存在した球団があった。西日本新聞社が母体で、福岡・平和台球場を本拠とした「西日本パイレーツ」である。翌年一月に巨人軍との間で選手の移籍問題がこじれ、セ・リーグを脱退。二月にはパ・リーグの「西鉄クリッパーズ」と合併し、「西鉄ライオンズ」（現在の西武ライオンズの前身）となった。

西日本新聞社の「百四十年史」には、戦後復興の章に二十行の簡潔な記述が残る。

「パイレーツは昭和二四年一二月二七日に設立され、翌二五年春のセ・リーグのトーナメント戦で優勝したが、公式戦は八球団中六位、経営も大赤字だった」

西日本放送がラジオの予備免許を得た二か月前、西日本新聞社は行き詰ったパイレーツから手を引いたばかり。中原繁登は上司である新聞社幹部を説き続けたが、「新聞外の事業で大きな赤字を背負い込んでおり、先行き不明な民間放送に手を出すところではない」と断られた。この数年後、西日本新聞社は放送事業に乗り出すわけで、この時はまさに間が悪かったとしか言いようがない。

西日本パイレーツは、地元福岡でも忘れ去られたプロ野球球団だ。五一年に誕生した西鉄ライオンズが、知将として名高い三原脩監督に率いられ、五八年の日本シリーズで巨人に三連敗のあと四連勝して日本一になるなど、眩いばかりの記憶を残していることもある。日本プロ野球史に残るパイレーツは、五〇年六月二八日の青森市営球場で、巨人の藤本英雄投手が「日本初の完全試合」を達成した相手チームとしてにとどまる（塩田　二〇二一）。

時間は遡らないので、歴史にｉｆは禁物とされるが、「もしも西日本パイレーツが順風だったなら」、西日本新聞社は西日本放送に出資し、予備免許を返上することなく民放第一陣として開局していただろう。ということは、いまある形でＫＢＣが誕生することはなく、在福岡の民放も全く異なる展開になっていたに違いない。もちろん、西鉄ライオンズの誕生から栄光、そして移転、新たな福岡ダイエーホークスからソフトバンクホークスへといたる福岡を本拠地とするプロ野球の歴史もまた、別のものになっていたはずだ。

偶然の積み重ねが、新たな展開を生む。西日本新聞とパイレーツという歴史の綾は、KBCの誕生だけでなく、テレビ局進出にあたっての地元調整、全国紙の電波政策とテレビのネットワーク変更という節目に幾度も表面化することになる。

＊　コールサインのJOGRは西日本放送が予備免許を返上した後、改めて「ラジオ青森」（現・青森放送）に付与されている。

あきらめずに再チャレンジ

免許返上に追い込まれ、悔し涙を流した中原繁登はしかし、あきらめなかった。民放第一陣のライバル、ラジオ九州が五一年一二月一日に無事開局し、初年度から単期黒字を計上したことも、彼の思いを後押しした。態勢を立て直して、五三年春に予定されていた第二次ラジオ免許に再チャレンジする。性懲りもなくという感じだが、成算がないではなかった。

郵政省に改めて提出した申請書には、こうある。

「先年予備免許を受けましたが、当時の発起人は経済その他の理由でこれを完成し得ずして中止しました。(中略)今回、当地の文化人と実業人が結集し、更に当地方出身の政治家が協力して是非放送会社を設立し、放送の持つ恩恵に浴したいと申し合わせたのであります」

前回の予備免許獲得時に「相談に乗ってもらった」石井光次郎はこの時、吉田内閣の重鎮として運輸相に就いていた。さらに、戦前の朝日新聞社副社長で、石井と親しい福岡県出身の代議士緒方竹虎は副総理だった。

中原繁登は二人を頼みに上京し、それぞれの秘書を伴って高瀬荘太郎郵政相の秘書に面会すると、「その場で電波監理局長に電話し、係を呼んでこちらの趣旨を伝えてくれた」。しばらくして、石井から「もう帰っていいよといわれて遅い夜汽車で帰省し、翌日博多駅で買った新聞には、久留米に周波数一四二〇キロサイクルが割り当てられると報じてあった」。これが五三年五月一六日のことだ。

この当時の放送免許にかかわる内幕を、中原繁登は「三十年史」でドラマ風に振り返っている。彼はこの直後、西日本新聞久留米支局長を辞し、準備作業にまい進する。なお、この時の緒方副総理の秘書は、元西日本新聞記者として中原の先輩にあたる城戸亮で、のちにテレビ免許をめぐる「城戸事件」の主人公である。

朝日新聞社が出資を決めたという第一報をもたらしたのも、六月九日に久留米入りした石井だった。このころの朝日は、毎日新聞社に比べて放送事業に慎重だった。その朝日社内で、出資に導いたのは取締役業務局長だった永井大三である。石井と永井はともに販売・業務畑で、同社主流の編集局出身でない。永井はこう語っている。

「私が朝日新聞の役員になったのは、一九五一（昭和二六）年一一月三〇日。それ以前、長谷部（忠）社長時代は新聞以外の事業には手を出さないという考え方で来ていた。しかし、ぼくはニュースにつながる電波に対してもっと意を用いるべきではないか、とかねがね疑問に思っていた。ある時、石井運輸相から、朝日は電波をやる気はないか、とたずねられた。ぼくは即座にやる気は十分もっていますと答えた。そして石井さんから示された九州の試案を役員会にはかった。笠（信太郎）、信夫（韓一郎）両君らが引き合うのかと問うから、こう答えた。引き合うからやる、引き合わなければやらんというような消極的な考えではいかんと思う。電波が引き合うような時代をこちらから招来するよう努力していくべきだ」

怒涛の開局準備

開局準備の拠点は「犬小舎」と呼ばれた。久留米市の繁華街、六ツ門にあった六階建てのデパート旭屋の屋上、ペット売り場に続く一室だったからだ。ここから、朝日新聞社出身の与党政治家、石井と緒方の後押しと同社からの出資決定を受け、「久留米のラジオ局」は一気に動き出す。

再度の予備免許から三か月後の五三年八月一八日、デパート旭屋五階の食堂別室で「九州朝日放送」の設立総会が開かれた。原始定款で西日本放送だった商号を九州朝日放送に改め、設立時の発行株式総数を七千五百株から一万三千株に変更、代表取締役に中原隆三郎・旭屋社長を選んだ。

この時点での出資者は、中原隆三郎個人と旭屋を合わせた二千株が筆頭株主で、朝日新聞社は出資比率九・五％の千二百四十株で第二位。五十株以下の出資者が全体の六割を超える小口株主の積み上げだった。

西日本新聞との関係を投影する商号の変更を求めたのは朝日新聞社側だったが、「九州朝日放送」でどうかと具体的に提案したのは久留米の地元発起人側だった。地元側が頼みとする石井が初代社長を務めていたのが大阪の「朝日放送」だったので、それにならったという。題字にかかわる問題だけに、朝日新聞社の役員会で了解を得ることとなり、最終的に「九州朝日放送」で良いとの連絡があったのは設立総会の四日前だった。総会で配布された定款などの印刷資料は、「西日本放送株式会社」の文字が二本線で訂正され、横に「九州朝日放送株式会社」のハンコが押され、保管されている。

会社設立と並行して、設備、技術面ではこれも石井の紹介で六月、朝日放送に機器を納めた実績を持つ神戸工業（一九六八年に富士通と合併）に見積もりを依頼。一方で、中原繁登も七月に「駐留軍払下げ機器の紹介ありたるにより緊急上京す」るなど、慌ただしく作業が続いた。

ゼロからラジオ局を立ち上げた先輩である朝日放送が全面的にバックアップし、八月七日には夏休みを返上して同社の草間貫吉技術部長が久留米を訪れた。送信所、演奏所〔スタジオ〕の予定地を実地調査して、指導した。デパート旭屋の屋上に作る演奏所は、朝日新聞社と縁の深い竹中工務店が施工を担当し、一〇月二〇日に着工、一二月一七日には完成させるという突貫工事だった。アナウンサーも八月末の試験で男性五人、女性四人が採用され、一〇月から一一月にかけてばたばたと大阪に赴き、朝日放送の浜田精造チーフアナウンサーから「特訓」を受けた。

年末の一二月二四日、九州電波監理局の検査に合格し、九州朝日放送に本免許が付与された。前史があったとはいうものの、会社設立からわずか四か月余りで実現した、まさに怒涛の開局だった。「久留米にラジオ局を」と旗を振り続けた中原繁登や初代社長の中原隆三郎にとって、開局はその到達点ではあったが、再度の免許取得や資本の増強、短期間での準備作業のどれ一つをとっても、朝日新聞社と朝日放送の存在がなければ実現しなかったのは事実が物語っている。

ラジオからメリークリスマス

九州朝日放送の開局は正式には一九五四〔昭和二九〕年一月一日午前六時、まさに元旦ということになっている。ただし、本免許を受けて電波が実際にオンエアされたのは前年末の一二月二四日で、午前一一時には送信所からコールサインが、午後五時にはスタジオから今村寿明アナウンサーの第一声が飛んだ。クリスマスイブのプレゼントのように。

「ＪＯＩＦ、ＪＯＩＦ、こちらは九州朝日放送です。新しいラジオ局、ＫＢＣからメリークリスマス」

録音テープは現存していないが、洋楽好きのスタッフが持ち寄ったクリスマスソングのレコードが流れたとされている。

コールサインはＪＯＩＦ、周波数は一四二〇キロサイクルで出力一キロワット。最初の予備免許はＪＯＧＲ、一一二〇キロサイクルだったが、出力は五〇〇ワットにとどまっていたので、出力は倍増していた。

奇しくも、フェッセンデンが「世界最初のラジオ放送」を米マサチューセッツ州の自宅からオンエアしたのが一九〇六年の一二月二四日。クリスマスの祝福だったという。それを知ってか知らずか、約半世紀後のクリスマスイブにＫＢＣは産声を上げたことになる。

朝日新聞の西部本社版では、「九州朝日放送　Ｘマスの朝・第一声　北部九州へ元日から本放送」の記事が掲載されている。これは二五日の朝に、送信所が置かれた佐賀県旭村（現在の鳥栖市）で、旭中学校講堂に佐賀県知事を招いた落成式と試験放送開始祝賀会があり、その模様を報じたものだ。

ともあれ、ＫＢＣラジオは一九五四年元日に正式開局した。民放第一陣としてよーいドンのはずだったラジオ九州は、放送開始からすでに満二年が経過していた。さらに、五三年三月にはラジオ長崎

（現・長崎放送）、一〇月にはラジオ熊本（現・熊本放送）、ラジオ大分（現・大分放送）、ラジオ南日本（現・南日本放送）が相次いで開局しており、KBCは九州で六番目の民放としてスタートしたことになる。

目を転じれば、東京では早くも、一九五三年二月にNHKが総合テレビを、八月には民放初のテレビ局である日本テレビ放送網（NTV）が開局している。

ちなみに、元日に正式開局した民放はいまのところ、KBCだけだ。記録を見ると、年度初めの四月一日か、一二月の年末ぎりぎりの正式開局が多い。年が明けるぐらいなら押し詰まっても年内に、さもなければキリの良い年度初めということだろうか。

手探りのスタート

開局時の番組表を見ると、ニュース関連の多さが際立っている。「朝日新聞ニュース」が七回も放送され、朝日新聞社がスポンサーとなった論説番組「朝日新聞の声」が午前八時一五分から十五分間、「ニュース解説」が午後一〇時四〇分から十五分間組まれている。ライバルであるNHKラジオやラジオ九州との差別化から、朝日新聞のニュースと論説が重宝された。

今となっては意外な感があるが、民放の発足当時「報道は民放、娯楽はNHK」の世評があったという（朝日放送編　二〇〇〇）。報道取材体制をまだ十分に確立出来ていなかったNHKに対し、朝日新聞社をバックにした大阪の朝日放送はニュース主軸の編成で独自性を打ち出していた。その先輩局の歩みを、ＫＢＣラジオも追いかけた形だ。

毎時のニュースは、小倉市（現在の北九州市小倉北区）に本拠を置く朝日新聞西部本社の特信課と一〇〇キロメートル近く離れた久留米市のＫＢＣとの間に電信線を敷き、カタカナ・テレタイプで送られてくるカナ文字ニュースを原稿にリライトして、アナウンサーが読み上げた。「ニュース解説」は朝日新聞の論説委員が交代で自らテープに吹き込み、東京や大阪から鉄道便で久留米まで運ばれてきた。常連の論説委員には「天声人語」を十七年間に渡って執筆していた荒垣秀雄もいた。

開局初日、元日の番組表には記念の独自番組が並ぶ。午前八時三五分から十分間でまず「緒方、石井両大臣あいさつ」。いずれも朝日新聞ＯＢで地元福岡県選出の代議士、緒方竹虎副総理と石井光次郎運輸相はＫＢＣ開局の功労者としての出演だ。さらに、午前九時からは「朝日新聞村山長挙会長のあいさつ」が二十分間続く。午前一〇時一五分からの「合唱」は、地元の福岡学芸大（現・福岡教育大）附属小学校生による。午後一時半からのバラエティー「おめでとうざんす、トニー谷」は東京収録のテープもののようだが、のちにＫＢＣテレビで自社制作番組のＭＣを長くつとめたトニー谷がラジオ開局初日から登場していたのも何かのご縁だろうか。

二日目には菊五郎劇団による歌舞伎「神明恵和合取組（め組のけんか）」から、川田晴久とダイナ・ブラザースによる歌謡漫談、ヴェルディのオペラ「イル・トロヴァトーレ」まで、まさに正月のおせち料理だ。そのほとんどが、朝日放送が融通してくれたテープものだった。

地元久留米は盛り上がったが

久留米市でのラジオ局誕生に、地元の筑後地方は大いに盛り上がった。五四年二月五日に市公会堂で開かれた「開局記念バラエティー」は自社制作の公開録音となった。朝日新聞社と縁の深い広告会社近畿広告（大広の前身）が主催し、「おしゃれクイズ」（ピアス化粧品提供）、「お好み日曜劇場」（神戸工業提供）、「歌謡ショー」（ニビシ醤油提供）が企画された。大入りとなって、早くも二月二一日には第二弾が開催され、いずれも歌手の藤島桓夫が出演している。

地元の首長や文化人、政治家にインタビューする番組「談話室」も開局直後から始まった。七月には郊外での街頭録音として、市制施行した甘木市にスタッフが出かけ、甘木小学校に集まった市民に「新しい市に何を望むか」をインタビューした。八月からは久留米市内の小学校区ごとにチームを作ってのど自慢を競う、公開録音の「のどくらべ母子歌合戦（のちに親子歌合戦）」も始まり、地域密着の自社制作番組が数多く生まれた。

スターリン不況の荒波

しかし、ＫＢＣラジオは開局の準備からスタート時にかけて、「スターリン・ショック」の横波をかぶった。ソ連共産党の書記長として三十年以上君臨し続けたヨシフ・スターリンは五三年三月五日に七十四歳で病死したが、前日には重体のニュースが世界を駆け巡り、五日の東京株式市場の株価指標は一〇％安の大暴落となった。彼の死によって、社会主義陣営と資本主義陣営の「東西関係」が新たな段階を迎え、なかでも朝鮮戦争に影響が出るとの観測から、世界的に軍事関連株が売られ、日本でも株式投資ブームに冷水が浴びせられた。

朝鮮戦争の停戦が七月二七日に宣言されると、日本経済はそこから本格的な不況期に突入した。KBCにとどまらず、民放ラジオの第二陣として五三年から五四年にかけて開局した各社は、不況の荒波の中に船出した形となった。

KBCで懸案だった会社設立の資本金は、朝日新聞社からの出資と地元の小口出資者の積み上げで何とかなった。しかし、それは初期投資に費やされており、収入が追い付かなければ日々の運転資金にも事欠くありさまとなる。発足したばかりの経営陣にとって、セールス強化による増収と、資本の増強が至上命題となる。

開局初年度の三か月（五四年一～三月）の売り上げは月平均で三七〇万円だったが、「このうちかなりの部分が貸し倒れとなり、放送料金未収として次年度処理」を余儀なくされる始末だった。開局から二か月も経っていない二月二三日、翌日期限の三〇〇万円の手形が落とせず、「不渡りになったら放送免許が取り上げられかねない」と大騒ぎになった。中原繁登は筑邦銀行（本社・久留米市）の島田益善頭取の自宅に夜討ちを駆け、「筑邦銀行もＫＢＣも石井光次郎さんが作ったようなもの、兄弟ではないか。兄弟を助けることが出来ないのか」と口説き、手形を翌日落としてもらった。「こうした物語は当時数限りなくあった」と「三十年史」はさらりと記している。

目先の収入が足りないのなら、増資しかない。取締役会で「役員一人当たり一五万円を目標に株主を集め、だめなら自ら五万円以上を引き受けること」という覚書を交わし、総出で駆けずりまわってなんとか二〇〇〇万円を確保した。これが三月一九日のことだ。実はその二日後に久留米市内の割烹萃香園で、お世話になったみなさんを招いて正式な開局式典と園遊会を催す予定になっていて、これを締め切りに金策に走った成果という。しかし、この式典にも費用がかさみ、終わってみれば会社の金庫に現金は空っぽだった。

社員への給料の遅配は四月から常態化する。五月二七日の取締役会では「緊急赤字対策」が議論され、取引先に一三〇〇万円分の支払いを一年間猶予してもらうよう要請するとともに、筑邦、住友、大和、三和の四銀行に二〇〇〇万円の協調融資申し入れを決めている。朝日新聞社の保証を条件とする銀行に対し、交渉は難航したが、一一月になんとか一六〇〇万円の融資が決まった。まさに綱渡り状態が続いた。

小さな市場の限界

開局一年目に直面したのは、不況だけではない。久留米市のとなり、佐賀県旭村に置く送信所からの電波では、筑後平野や佐賀平野には良く届いても、福岡県内の人口密集地、福岡市や北九州の五市では聴き取りにくいという受信事情だ。福岡市から放送するライバル、ラジオ九州は不況にも耐えて、五四年度も黒字経営を定着させていた。それは市場としての福岡都市圏のパワーが裏打ちしていた。久留米市とその周辺の「小さな市場」では、民放の経営は何ともし難い、という現実が明らかになっていった。

民放ラジオはこの当時、県域よりさらに狭い地域をエリアとする局にも免許が付与された。長崎県では五三年三月に長崎市に本拠を置くラジオ長崎が放送を始めたが、これとは別に佐世保市にラジオ佐世保が翌年四月に開局している。しかし、県内を南北で二分しては市場が限られ、経営統合は不可避だった。二社並立のため、長崎県が県費出資をためらっていた経緯もある（長崎放送編　二〇一三）。五四年一〇月に両社は合併し、長崎放送として新たなスタートを切った。合併を祝う地元紙「長崎日日新聞」の九月二七日付けの社説はこう指摘している。「九州においてはラジオ南日本、ラジオ大分、ラジオ熊本、ラジオ宮崎に、いずれも七百万円の県費出資が行われている。（中略）長崎県下の民放も一元化される運びとなったのであるから、他県の例にてらしても、応分の県費出資を妥当とする時期が熟したものといえる」。

ＫＢＣは会社設立時から現在まで一貫して、自治体からの出資はない。小さな市場の限界を突破する方法を、別に求めた。

第二章　市場を求めて、動く

博多・中洲に移転したKBC本社（右）の素描（藤井伊九蔵さん提供）

ＫＢＣが地方都市・久留米からラジオ放送を始めた一九五四（昭和二九）年には、防衛庁・自衛隊が発足している。アイゼンハワー米大統領が年初の一般教書で沖縄米軍基地の無期限保持を宣言し、原爆の父オッペンハイマー博士が米原子力委員会から追放された年でもある。東西冷戦が本格化する中で、日本経済は着実に戦後復興を果たしていった。しかし、ＫＢＣの成長はラジオ開局でも約束されてはいなかった。先を目指して、ペダルをこぎ続けなければ倒れる、文字通りの自転車操業の中で、新たな市場を求めてあがき続けるしかなかった。それが、発祥の地を離れ、創業の有志を置き去りにすることになっても。ＫＢＣはまだ、ベンチャー企業だった。

県都で勝負するしかない

「筑後の田んぼに電波をまいても、肥しにもならない」――意気揚々と開局に踏み切ったものの、放送範囲が限られ、スポンサーが思うように集まらない。厳しい状況をこう表現するジョークが広がるのに時間はかからなかった。営業として攻めるべき大市場、県都・福岡市のスポンサーからは「ＫＢＣのＫは、聞こえぬのＫ」とまで言われる始末だった。

開局直後から、技術陣は対応に動いた。まずは福岡市と当時の小倉市（現・北九州市）に中継局を設置しようと計画、開局から一年に満たない五四年九月に郵政省へ申請している。しかし、翌年七月に「周波数の割り当ては不可能である」として却下された。そもそも、人口十三万人の久留米市を本拠に「地域文化の発信拠点」をうたって発足したラジオ局が、経営が立ち行かないから人口五十四万人の福岡市をカバーする中継局新設を認めてほしい、というのは理が立たない。

申請却下の直後、五五年八月一七日の取締役会終了後に、初代社長の中原隆三郎（デパート旭屋社長と兼務）は健康上を理由に辞意を表明した。会社創立からわずか二年、なんとか開局にはこぎつけたものの、経営を軌道に乗せるめどがつかないまま、退くことになった。後任の二代目社長には同年一〇月、設立発起人の一人で福岡酸素（本社・久留米市）社長の本間一郎が兼務で就いた。

「県都をカバーする」ための戦略は、本間社長の下で手法を変える。久留米本局の中継局を福岡市に設置するのではなく、本局の設置場所を福岡市も見通せる場所に移転し、出力を一キロワットから一〇キロワットに増力するという計画を掲げた。先行局のラジオ九州（本社・福岡市）が一〇キロワットに増力済みで、NHK福岡放送局のラジオが一〇キロワットから五〇キロワットへの増力を計画していることもにらんだものだった。一九五六年四月に提出された新たな申請書には、「福岡市を軸とした北部九州地域は産業、文化、人口密度などから民放二局を必要とし、民放一局の独占は不合理である。NHK福岡が増力されるのならば、この地方の民放も強化されてしかるべきである」と新たな理を立てている。

この当時、一都市に複数の民放ラジオが認められていたのは東京（ラジオ東京と文化放送）と大阪（新日本放送と朝日放送）だけで、名古屋でも二局目は認められていなかった。同じ県内の福岡市（ラジオ九州）と久留米市（ＫＢＣ）が認められたのも例外的扱いだったのだが、今度はそれを実質的に福岡市で二局目を認めてほしいという申請にほかならなかった。

　実現の見通しはあったのか。この年一月の取締役会では、本社顧問に就いていた石井光次郎からの録音メッセージが披露され、「ＫＢＣの立て直しは増力が第一。（村上勇）郵政相とのつながりもあり、この機を外しては再びチャンスは来ない」との強い思いが示された。この段階で、石井には成算があったようだ。

　石井は第五次吉田茂内閣が五四年一二月に総辞職した後、自由党総裁に就任した緒方竹虎の下で幹事長を務めた。同党と日本民主党の「保守合同」により、五五年一一月に結成された自由民主党で緒方派の重鎮に。ＫＢＣの取締役会にメッセージを送ったのはちょうど、緒方の急死により派閥を引き継いだ時期だった。この後、五七年二月には第一次岸信介内閣で副総理に就任するなど、政界で実力を増していった。

　果たして今回の申請はすんなりと認められ、郵政省は五六年五月六日付けで「一〇キロワット、一四五〇キロサイクルを福岡地区に割り当てる」とのプランを内示した。石井と相談しながら、郵政省に働きかけていたのは、緒方の秘書からＫＢＣ取締役・東京駐在に転じていた城戸亮だった。この時ちょうど、駐留米軍が福岡地区で使用していたＦＥＮ（極東放送）ラジオの出力が一〇キロワットから一キロワットに減力されたのが幸いしたとみられている。*

＊　名古屋地区のラジオ二局目、東海ラジオ放送の開局が六〇年四月にずれこんだのは、駐留米軍の同地区での電波利用の整理に時間がかかったためとされる。

創立メンバーの不満渦巻く

一〇キロワットに増力する新たな送信所は当初、久留米市と福岡市のほぼ中間で、どちらも見通せる内陸部の朝倉郡夜須村（現・筑前町）が想定されていた。しかし、その後の電波環境調査や郵政省との調整の中で、混信を避けるためには福岡市域の北側の海岸部が適当と判断された。志賀町（現・福岡市東区）からは志賀島の山頂を無償で提供したいとの申し出もあったが、技術面から同町西戸崎が最適地となった。ただ、隣接の駐留米軍から通信障害の懸念が示され、最終的に和白町（同）下浜に決まった。いずれにしても、玄界灘に向いた県北部であり、県中南部の久留米市からははるかに遠い。

この内定に、創立メンバーである久留米市出身の役員からは、「移転のための資金調達はうまくいくのか」「送信所の福岡移転はやむなしとしても、本社は久留米に残せ」という疑問と不満の声が相次いだ。その一人、牛島慶二社外取締役（牛島綿業社長）は「三十年史」の回顧でも口惜しさを隠していない。

「私ら久留米勢はせっかく久留米に作ったものだから、久留米資本でやっていきたい気持ちだった。石井顧問に相談したら、放送関係は福岡市に移転した方がいいという意見だった。朝日新聞社は県の経済、文化の中心に是非移転すべきだと主張する。金融機関は久留米のＫＢＣでは金を貸してくれず、新聞社の保証がいるという。私どもはやむなく屈服した」

挑戦続く自転車操業

それにしても、一九五三年の春から年末へといたる怒涛の開局作業から、まだ三年も経っていなかった。にもかかわらず、五六年の春から年末にかけ、ＫＢＣは「福岡移転」という第二の創業ともいえる難事業に取りかかった。しかも、同時に水面下ではテレビ事業への進出という第三の創業も模索しながらだ。

次から次へ、矢継ぎ早の事業挑戦は、やむにやまれぬ「自転車操業」の実態でもあった。五五年度まで、月次で一度も黒字を計上できていない。一方で、投資負担は重くのしかかる。増資と借り入れでしのぐためには、「今後はこれで事業が拡大、安定する」という目論見を絶えず提示していくしかなかった。夢を目標に、ペダルをこぎ続けなければ倒れてしまう。ベンチャー企業としてのリスクを、この当時のＫＢＣは内包していた。

ラジオの福岡移転で収益モデルを固めるとともに、その先のテレビ進出で会社を軌道に乗せる。歴史として振り返れば、ＫＢＣはホップ（ラジオ開局）、ステップ（福岡移転）、ジャンプ（テレビ進出）の三段跳びを見事に実現したように見える。しかし、その軌跡を仔細に分析すれば、まことに危なっかしく、結果オーライの運だのみであり、その場その場で置き去りにした負の遺産もまた多かった。

ステップのタイミングに、経営陣内の不協和音は極大化する。福岡への移転、一〇キロワット増力に向け、社員は前しか見ずに突っ走るが、経営陣の半ばを占める「久留米にラジオ局を作った」との思いが強い発起人たちは納得がいかない。玄界灘側の新送信所からでは久留米市など筑後地方の受信状況が大きく悪化することが分かり、さらにデパート旭屋の屋上に建てた本社社屋がたった三年で空き家となることも問題視された。福岡移転のひと月前に開かれた株主総会で、地元の個人株主からの「移転後の久留米はどうなるのか」との質問に、この時常務に昇格していた中原繁登はこう答えている。

「久留米で一〇キロワットが念願であったが、監督官庁ののっぴきならぬ勧告で、不本意ながら福岡転進となった。久留米の恩を忘れることのないよう、できる限りの設備、資材、人員を残して久留米の産業経済に貢献したい」

黒字化が見えない業績の中で、福岡移転には新たに約五〇〇〇万円の設備資金が必要で、生命保険会社から融資を受けるにも、朝日新聞社の保証が条件だった。新聞社は条件受け入れに応じて同社元常務の神戸岩男をＫＢＣに送り込んだ。しかし、総会後の取締役会で、彼を社長に次ぐ専務とするかどうかで紛糾。「欠席の取締役から後日異議が出た場合、本日の議決は無効とする」旨の但し書きをつけてなんとか承認される異例の議事となった。さらに、神戸を代表取締役にすることは結局、九か月近く先送りされた。業界紙に「ＫＢＣと朝日新聞が関係を絶つ」との観測記事が掲載され、その後の取締役会では「朝日新聞社との親善関係強化に反するような言動は厳重に注意すること」との申し合わせが行われている。

新たな門出は博多・中洲から

創立メンバーの不満にふたをして、ＫＢＣは一九五六（昭和三一）年一二月一日、福岡市博多区中洲に本社機能を移した。那珂川にかかる西大橋のたもと、ネオンきらめく九州随一の歓楽街に立つ五階建ての「花の関ビル」。オーナーである老舗酒造会社に六階から八階を増築してもらい、その約九四〇平方メートルを賃借した。敷金は二四〇〇万円だったが、うち六〇〇万円を増資した株券で、契約時に手形で九〇〇万円、入居時に現金で九〇〇万円支払うという、これまで通りの「出世払い」を決め込む台所事情だった。

花の関ビルの増築が決まったのは同年七月一五日。今回も建設は竹中工務店が請け負い、またも突貫工事となった。八階スタジオの設計には、ＮＨＫ技術陣の協力を得たと記録にある。当時、現在の福岡空港は板付飛行場と呼ばれ、駐留米軍のジェット戦闘機の騒音がはなはだしく、スタジオはその対策に腐心する必要があったためらしい。

本社と演奏所（スタジオ）は久留米から福岡の博多・中洲へ、送信所は久留米近郊（佐賀県旭村）から福岡・和白へ。ＫＢＣの福岡移転はちょうど、五五年秋から五七年夏までの「神武景気」の最中であった。世界経済は「スターリン・ショック」を乗り越え、日本経済も転機を迎えていた。ＫＢＣが新たな門出を迎えた同じ月の一八日、日本は国際連合に加盟した。第二次世界大戦の終結から十一年、戦勝国の集まりである国連に、敗戦国の日本は八十番目の加盟国として加わった。

このころ、ラジオの民放は全国的な配置が一段落し、拠点地区での出力増強が続いていた。出力五〇キロワットの在京局は別格として、一〇キロワットの大出力ラジオ局は札幌、仙台、名古屋、大阪、福岡の五地区でのみ認められ、ＫＢＣは久留米から福岡に移転することでその七番目の座を得た。増力によってマーケットが拡大するのを期待して、スポンサー収入の月商目標は四〇〇〇万円から一気に三〇〇〇万円へと引き上げられた。

福岡移転に伴って、ＫＢＣラジオの編成方針は自社制作番組の重視に舵を切る。手探りの久留米時代は、ニュースや地元・筑後地方を中心とした聴取者参加番組を除き、演芸や音楽番組は大阪や東京の局からの購入番組が主だった。中洲に移って福岡市場で収入増が見込めるだろうと気が大きくなったのか、自社制作のラジオドラマ、インタビュー番組を連日編成することになった。聴取者参加番組も毎週日曜の「歌う野球試合　紅白対抗のど自慢」とパワーアップして、公開録音の巡回を福岡県下全域に広げていった。

子どもに人気のラジオ連続時代劇

ラジオドラマは、平日午前に二本の連続ドラマ枠、平日夕に子ども向けの「ラジオマンガ九州むかしむかし」と連続時代劇が放送された。作品はオリジナルものが多く、地元の劇団がこぞって番組制作に参加した。中でも、月曜から土曜の毎日午後五時三五分から十五分間の時代劇枠で放送された「小天狗霧太郎」（山下為男作）は人気を博し、五七年九月のスタートから延長を重ね、翌年一二月までの長編になった。大洋漁業（現・マルハニチロ）の一社提供で、KBC発としてラジオ東京、新日本放送、信越放送など全国二十局にネットされた。ラジオをもとにした同名の時代劇映画が二部構成で製作、全国で上映された。

この当時、夕方のラジオに少年少女はとりこだった。人気だったのは冒険活劇だ。NHKラジオの「新諸国物語」シリーズで第二作目となった「笛吹童子」（一九五三年一～一二月）が火をつけ、翌年には東映が中村錦之助（のちの萬屋錦之介）主演の映画化で大当たりをとった。民放では、ラジオ東京が「赤胴鈴之助」（一九五七年一月～五九年二月）をヒットさせ、声優としてデビューした吉永小百合はスターの道を駆けのぼった。

ＫＢＣの「小天狗霧太郎」もこの系譜に属する。ただ、赤胴が雑誌「少年画報」の連載漫画を原作にしているのに対し、霧太郎は完全オリジナルで、社員の梅津昭夫（のち取締役）が演出した。日本コロムビアでレコード化された主題歌も、作詞ＫＢＣ、作曲平島邦夫と手作りだった。霧太郎は連続放送中の五八年の夏休みに、東映が映画化した。ポスターにはこうある。

「元気いっぱい霧太郎　物語もメロディーも　僕らがラジオで知っている」

映画データベースの紹介文では、「全国よい子の胸を躍らせた連続放送劇の映画化。平家再興の財宝のありかを秘める金銀二つの鈴を巡って、正邪入り乱れて波乱万丈の物語を展開する」とある。映画版の主演は新人の南郷京之介、脇を伏見扇太郎、吉田義夫らが固め、里見浩太郎（現・里見浩太朗）も出演している。

ちなみに、同時期に放送されていた「赤胴鈴之助」は日本水産（現・ニッスイ）、「小天狗霧太郎」は大洋漁業が一社提供で、それぞれ缶詰や魚肉ソーセージを宣伝していた。大洋漁業は五三年から魚肉ソーセージを本格生産しており、一本一三〇グラムで三〇円。コロッケ一個が五円だったというから高価ではあったが、動物性たんぱく質が乏しい時代にあって、貴重な食品だったようだ（マルハニチロ『フィッシュソーセージの歴史』）。魚肉ソーセージは子どもたちにとってはあこがれ、親にとっては子に与えたい食品だったのだろう。

また、ラジオドラマの「笛吹童子」や「小天狗霧太郎」を映画化した東映で、当時の製作課長は若き日の岡田茂である。岡田はＫＢＣとも縁が深く、その後の東映社長・会長時代にＫＢＣの社外取締役を長年務めている。

さて、ＫＢＣラジオは福岡移転、出力増で月商目標を三〇〇〇万円に引き上げ、番組の自社制作にも力を入れたが、収入実績は皮算用のようにはいかない。五七年度の月商平均は二八一二万円にとどまり、目標を前提に番組にかけたコストや人件費増で利益計上はまた先送りとなった。「福岡に移転して、一〇キロワットの大出力局となれば、黒字は間違いない」というのは空手形だった。増資に応じてもらった株主、新社屋の敷金を株式に置き換えてもらった大家に対して配当が実現するのは、会社創立九年目の一九六一年度決算を待たねばならなかった。

第三章　テレビに乗り遅れるな

テレビ開局に向け，1958年に福岡市長浜で建設が始まったテレビタワー

終戦から十年を経て、一九五六（昭和三一）年の経済白書は「もはや戦後ではない」と締め括った。それは達成感に浸ったのではなく、「回復を通じての成長は終わった。今後の成長は近代化によって支えられる」との課題を指摘したフレーズだった。ＫＢＣが創業の地を離れて県都・福岡に本社移転したこの年は、石原慎太郎が「太陽の季節」で芥川賞を受け、猪谷千春がコルチナ・ダンペッツォ五輪のスキー回転競技で冬季初の銀メダルを獲得するなど、新しい風が吹いていた。放送業界もテレビ時代が到来するなかで、ＫＢＣはこれに乗り遅れまいと水面下で足をばたつかせた。

先行局の背中は遠く

ＫＢＣが本社を久留米市から福岡市に移転し、ラジオの一〇キロワット増力を果たした、その九日前。ライバル局のラジオ九州は五六年一一月二二日、福岡エリアのテレビ免許を早くも手にしている。ラジオで先行局の背中に手が届くと思ったら、加速した相手にまたも引き離された。

この当時、ＫＢＣの経営陣にとって、「ラジオ局の経営をなんとか軌道に乗せる」ことが最優先の課題だった。久留米の地元商工業者から出資を募り、それでも足りない分は自腹を切って株式を買った設立発起人でもある多くの役員にとって、まずはラジオだった。だからこそ、福岡移転を泣く泣くのみ、朝日新聞社からの役員受け入れも承諾したのだ。

そんな取締役会のメンバーの中で、テレビに注目していたのは、緒方竹虎の秘書からＫＢＣ取締役に転じていた城戸亮だった。彼は政界にも通じ、東京駐在として郵政省に出入りしていた。

福岡エリアでも民放テレビが一波認められそうな流れに、五六年八月、朝日新聞社の村山長挙、毎日新聞社の本田親男、西日本新聞社の田中斉之、ラジオ九州の山脇正次、ＫＢＣの本間一郎の五社長が東京に集まり、村上勇郵政相から「円満な一本化」を促された。これに対応する実行委員会が作られ、ＫＢＣからは常務に昇格した城戸が委員となった。

先に大阪では、ラジオでは互いに一歩も譲らず例外の二局免許をかち取った朝日と毎日が、テレビでは一転、一本化して「大阪テレビ*」を開局した経緯がある。郵政省としては福岡でも「大阪方式」を想定していたようだが、ラジオ九州が経営実績をバックに、頑として譲らず、郵政相に猛烈な陳情を繰り返した。これに刺激された城戸は同年一〇月、朝日新聞社との調整もなしに、ＫＢＣ単独でテレビ免許申請を提出した。これについて本間社長は「朝日新聞には申し訳ないが、四囲の情勢から自衛上やむを得ないと判断した」と取締役会で弁明している。

大局を見ずに石を打った感なきにしもあらず、だ。本間社長‐城戸常務のラインはこの後、関門エリアでのテレビ免許を巡っても「勇み足」を出し、騒動を引き起こす。

毎日新聞社と九州財界をバックに設立されたラジオ九州は、一九五〇年の「創立趣意書」に早くも、「将来テレビジョン放送を計画する」と書き込むほど、先を見通していた。この点からして、「久留米のラジオ局」しか頭になかったＫＢＣとはスタートから違う。ラジオ九州は開局満一年の五二年一二月には、テレビ局設置に手を挙げている。五六年夏に村上郵政相が免許調整の動きを見せると、若手社員が「青年行動隊」を組織し、大臣の福岡訪問に合わせて街頭でビラ配り、署名活動を行うと同時に、博多駅の駅長室で大臣に直談判するなど、派手な動きを見せた（RKB毎日編　一九六二）。

ケレン味たっぷりのラジオ九州のパフォーマンスに、KBCの本問－城戸ラインは翻弄されたのかもしれない。この時、東京で静観していた朝日新聞社取締役の永井大三が動く。「福岡のテレビ免許で村上さんが苦慮していると聞いたので」と郵政相を訪ね、「公平に見てどこが順当か決めていただいたら良い。五社の話はついていないが、ラジオ九州に波をやってくれ。朝日は文句を言わない」と話した。村上郵政相が「これで肩の荷が下りた」と言うので、永井は「しかし、この次の時は朝日に頼んだよ」と念を押したら、村上は「責任を持って」と応えたという（九州朝日放送編　一九八三）。

テレビ免許を巡る動きは、一地方にとどまらず、全国的な視野での駆け引きが続いていた。それは新聞を中心としたメディア間の角逐であり、政治家の権力を如実に示す舞台でもあった。

＊　大阪テレビは略称OTVで、コールサインはJOBX。大阪発祥の新聞社である朝日と毎日が、読売新聞の関西進出拡大と日本テレビのネットワークを阻止するためにテレビ免許獲得で一本化した。読売陣営に「漁夫の利」を与えないよう、朝毎が「歴史的合弁」に踏み切った（川崎　二〇一六）。五六年一二月一日に正式開局し、東京の日本テレビ、ラジオ東京（現・TBSテレビ）に次いで民放テレビとしては全国三番目（中部日本放送と同日）。ただし、毎日放送テレビが五九年三月一日に開局したのを受け、OTVは朝日放送と合併、その名は同年五月末で消えた。

テレビ時代の幕開け

日本の民間放送はラジオ局から始まったが、ほぼ時を同じくして、テレビにも手が上がっていた。ラジオでは戦前からの日本放送協会があったが、テレビなら民放も「よーいドン」となる。スタートダッシュは読売新聞社が早かった。朝日と毎日、そして多くの地方新聞社がまずラジオから動いたのと対照的だった。

民放テレビの第一号として一九五三（昭和二八）年八月二八日に東京で開局した「日本テレビ放送網（ＮＴＶ）」は、読売新聞社の正力松太郎社長が初代社長として主導した。予備免許の取得は前年七月でＮＨＫ東京テレビ局よりも早かったが、本放送の開始では意地を見せたＮＨＫに半年先を越された。

ＮＴＶの当初の構想は、その後に具体化した姿と大きく異なる。構想の原型は、一九五〇年六月に米上院で共和党のカール・ムント議員が打ち上げた「ビジョン・オブ・アメリカ」である。同月に勃発した朝鮮戦争を受け、共産主義に対抗するため「ラジオのボイス・オブ・アメリカをテレビ化した、ビジョン・オブ・アメリカを世界中に設置すべきだ」と提案したものだった。具体例として日本を取り上げ、「日本では二十二の中継局、あるいは東京の一大放送局と二十二の中継局によって、その機能を果たすことができる。この中継局と大型の公共受信機セットが都市と農村に設置されれば、マッカーサー将軍の占領軍はあまねく市民に対して、自由と民主主義の価値観を映像によって届けることが可能になる」と示した（神松　二〇〇五）。

これに興味を持った元読売新聞記者で当時はＮＨＫラジオのニュース解説者を務めていた柴田秀利（のちＮＴＶ専務）が、アイデアを正力に伝え、米主導でなく「日本人自身の手で実現する」ことで意見が一致したという。ただし、正力はこの時期、公職追放の身の上で、翌五一年八月の追放解除を待って、本格的に動き出す。

米国の利害、政治的な意図は脇に置いて、ムントの構想で特徴的なのは単にテレビを放送するだけでなく、全国をマイクロウェーブで結び、テレビ、ＦＭラジオから電話、ファクシミリ（画像伝送）、文字放送までを網羅するマルチ通信システムのネットワークを構築しようというところだ。山頂の中継局を結ぶことから「マウンテントップ」システムとも呼ばれた。

正力はテレビのみならず、全国を網羅する壮大な総合通信網を思い描いていた。だから、社名は「日本テレビ放送」ではなく、「日本テレビ放送網」とした。例えれば、当時の電電公社とＮＨＫを合体して先を見通した機能を、民間の一社で構築しようとするようなものだった。

ただし、実際にＮＴＶに付与された免許は「京浜エリアのテレビ放送」だった。当時の郵政省は、民放は地方分権的な色合いが濃く、中央集権的な構造はなじまないと考えていたふしがある。それでも、「全国放送を大義名分とするＮＨＫにとって衝撃は大きかった。一介の民間資本が、自分たちと同じように一社で全国をカバーするなど見過ごせなかったのだろう。（中略）当初反応が鈍かったＮ

HKが一転、『早期テレビ開局』に方向転換し、『テレビの民営反対』を主張しだしたところにも、その周章狼狽ぶりが伺える」とNTV五十年史は指摘している。

民放テレビ局は第一号から七十年余を経過した今日、地域の独立した存在として生まれながらも、その多くが五つの全国ネットワーク系列にがっちりと組み込まれている。ムント構想のようにインフラ一体型ではないものの、「東京の一大放送局と二十二の中継局によってその機能を果たす」といったムント予言の的中度をどう受け止めるか。それぞれの民放ローカル局が、設立のいきさつと歴史、そして将来像を踏まえていま一度、存在理由をはっきりさせる時期に来ているようだ。

扉は開かれた

話を昭和三〇年代初めの九州に戻そう。一九五六年一一月、福岡エリアの最初のテレビ免許はラジオ九州に決した。これは同年二月に郵政省が定めた「テレビジョン放送用周波数の割当計画基本方針」をもとに、VHFの六つのチャンネル（3、4、5、6、7、8ch）でテレビ放送の全国普及を進める考えに沿ったものだ。「京浜」「名古屋」「京阪神」各エリアに続いて、「札幌」「仙台」「広島」「福岡」各エリアにも一局が割り当てられた結果だ。

朝日新聞社の永井取締役が福岡の免許をあっさりとラジオ九州に譲り、時の村上郵政相に「次の時は頼むよ」と言ったのは、テレビ周波数の割当計画について手直しする動きがあるのを察知していたからだろう。年が明けて五七年一月、郵政省は「基本方針の修正案」を発表し、VHFの1chから11chまでを活用して全国普及を加速する考えを示した。主眼はNHKの全国展開と教育専門テレビ局の新設とされたが、これに伴い民放のテレビ免許獲得競争も一気に熱を帯びることになった。

五七年六月に決まった「チャンネルプラン」によって、「福岡」エリアにもう一局と、新たに「関門」エリア（現在の北九州市域周辺と山口県西南部）に二局のテレビ局が認められることになった。先の「福岡」エリア一局目で争った朝日新聞社、毎日新聞社、西日本新聞社、ラジオ九州、KBCの五社に加え、産業経済新聞社も獲得に乗り出した。

申請者は以下の通りだ。カッコ内は発起人代表

「福岡」エリア［割り当て1］

朝日テレビ放送（村山長挙・朝日新聞社社長）

九州テレビジョン放送（金子道雄・昭和自動車社長）＝産経新聞社系

西日本テレビ放送＝地元経営者

福岡テレビ＝地元経営者

KBC

「関門」エリア〔割り当て2〕
朝日テレビ放送
九州テレビジョン放送
テレビ西日本（富安三郎・西日本新聞社元社長）
北九州テレビ放送＝産経新聞社系
西部毎日テレビ（本田親男・毎日新聞社社長）
ラジオ山口
ラジオ九州
KBC

郵政相は五六年一二月、村上勇から平井太郎に代わっていた。平井は香川県を地盤とする参院議員で、建設業を足場に四国新聞社を買収して社長となり、ラジオ香川（現在の西日本放送）も経営するメディア通だったが、在任は短く、七か月余りだった。岸信介内閣の改造に伴い、郵政相に就いたのが戦後の最年少大臣、三十九歳の田中角栄代議士（のちの首相）である。様々な思惑が渦巻き、調整が一筋縄でいかないと思われた「チャンネルプラン」によるテレビ免許を、彼は剛腕と腹芸で快刀乱麻のごとく解決していった。

ただし、彼が登場する直前の平井郵政相の時代に、テレビ免許獲得を巡ってＫＢＣの経営陣は大揺れになる。

宙に浮いた「覚書」

ＫＢＣの社内的には後味の悪い話ではあるが、「城戸事件」と呼ばれるその騒動について、三十年史は「裏面史」としてあらましを努めて淡々と記している。

騒動にいたる発端はこうだ。「福岡」「関門」のテレビ免許の獲得に向け、朝日新聞社とは別のルートで動いていたＫＢＣの城戸常務に、旧知の参院議員から「平井郵政相の意向は、福岡はＫＢＣに、関門はテレビ西日本にということのようだ。両方とも手に入れたいなら、ＫＢＣとテレビ西日本が何らかの形で手を握るほかない」との情報が寄せられた。岸内閣の改造は秒読みで、郵政相は退任の前に決したい意向だという。両者が対等合併に納得しないなら「棄権とみなす」との話まで聞こえて来た。

思い余った城戸は西日本新聞社の東京支社を訪ね、「九州朝日放送取締役社長代理」の肩書で、「関門はテレビ西日本、福岡はＫＢＣに免許下付を認め、予備免許後、テレビ西日本とＫＢＣのテレビ部門は直ちに対等合併する」などとした覚書に調印した。それは、郵政相が退任する当日の五七年七月一〇日未明のことだった。夜が明けて、覚書を郵政省に届けたものの、交代が決まった平井大臣のもとで、テレビ免許が省議決定に至らないことは明らかだった。朝日新聞社の永井は事前に、取材記者から「ＫＢＣの城戸常務が西日本と通じて朝日から独立しようとしている。新局に大臣が判を押そうとしている」との情報を得て、「大臣に抗議を申し入れた」と語っている。福岡と関門のテレビ免許は先送りとなった。

翌一一日、城戸は西日本新聞社に覚書破棄を伝えている。これに先立ち、本間社長と中原繁登常務が朝日新聞社を訪ね、事情を説明したが、応対した村山長挙社長、信夫韓一郎専務、笠信太郎取締役論説主幹と永井は「大変な立腹だった」と中原は言う。もっとも、中原が腹を立てたのは、本間社長が朝日新聞社首脳に「私は（覚書に）判を押していない。城戸が調印した」と釈明したからだった。

取締役会での審議と了承、朝日新聞社への事前相談もなく、他社と通じてＫＢＣの根幹に関わる重要な決定を独断で行った、として城戸は責任を厳しく追及された。しかし、中原繁登の証言では、覚書の調印には城戸のほかに本間社長と中原も立ち会っており、「社長は判を持っていないということで、城戸が判を押した」のだという。城戸は翌八月、追われるように辞任する。秘書としてかつて仕えていた緒方竹虎はこの前年一月に急死しており、後ろ盾はもういなかった。

ＫＢＣ側はこうだが、相手先のテレビ西日本側の資料はいささか異なる。西日本新聞社の田中斉之社長（のちテレビ西日本社長）が平井郵政相と面会して「交渉の口火を切った」のが六月二〇日、田中子玉東京支社長（のち同社社長）が七月五日に同相から「免許申請が多数なされており、ＫＢＣと合併したらどうか」と促された。この後、参院議員が介在して、一〇日未明の覚書につながったという。もっとも、これは二〇〇八年刊のテレビ西日本五十年史で、より当時に近い一九六八年刊の十年史では、テレビ免許獲得の裏話として「当時私も東京にいたが、郵政関係の情報がよくない。大臣にあたってもほとんど反響がない。大臣が田中角栄氏に変わってからしだいに円滑にいくようになった」（浅山取締役）と記されている。

さらに、KBC、テレビ西日本の資料ともに、二局割り当てだった『関門』エリアのもう一局についての言及が全くない。実は、関門のもう一局は毎日新聞社直系の「西部毎日テレビ」を軸に調整が行われていたが、毎日と関係の深いラジオ九州の対応に「第一線の勇み足から、一見兄弟ゲンカとみられるような動きも一部にはみられ」（RKB毎日放送編　一九六二）、平井郵政相のもとでは進んでいなかった。

五七年六月の「チャンネルプラン」は、一気に全国で五十近くの局にテレビ周波数を割り当てる大プロジェクトだった。平井郵政相も在任中に一部でも成果を示したかっただろうが、何しろ解を求める方程式は複雑に過ぎた。地元選出の参院議員が動いて、「福岡」と「関門」だけでもまとめ上げられるかのような詰めの甘い局所案が浮かび上がり、城戸がそれに乗ったか、乗せられたか。

長い時を経て振り返れば、この時のテレビ「チャンネルプラン」（のちに第一次チャンネルプランと呼ばれる）は、日本全国を見渡すジグソーパズルのようなものだったと言えるだろう。そのワンピースだけに焦点をあて、周辺や全国を考えることなく、何とか出し抜こうとすることに、そもそも無理があったと言わざるを得ない。

田中角栄の辣腕

いよいよ、田中角栄郵政相が登場する。田中は七月一〇日夕に就任するや、「テレビ免許に関する行政責任は一切、自分が負う」と宣言した。主だった申請者を連日、郵政省に呼んでヒアリングを続けた。その上で、四本柱からなる明確な基本方針を示した。

1　競願の処理は全地区、合併方式とする
2　当局の指示通り競願者相互の資本、役員構成など合併条件を受け入れることを予備免許の前提とする
3　「京阪神」「関門」では新聞勢力の大幅進出を許し、その系列局の設置、合併を認める
4　その他の地区は既設民放局の兼営を優先、ただし競願者の資本、役員を参加させる事

これに沿った形で、改めて個別の地区ごとに競願者を呼び、田中の強い意志を示して調整を進めていった。手続きは一〇月一〇日に完了した（民放三十六局、ＮＨＫ七局への予備免許は同月二二日付け）。田中は郵政相就任から三か月ちょうどで、すべての解を出したことになる。この時、田中に従って郵

政省内をまとめたのが小野吉郎事務次官である。小野は一九七三年、首相となった田中に抜てきされてNHK会長に就任。しかし、七六年にロッキード事件で逮捕され、保釈中だった田中を私邸に訪ねたことが問題となり、辞任した。

具体的に、「福岡」と「関門」エリアの調整を見てみよう。「福岡」の新たな一局については一〇月六日、田中が郵政省に競願者のうち九州朝日放送（KBC）、朝日テレビ放送、九州テレビジョンの三社代表を呼び、以下のような詳細な条件を明示した。

九州朝日放送に対し、左の条件が満たされたとき予備免許を与える方針である。

Ⅰ　九州朝日放送は、朝日テレビ放送及び九州テレビジョンを次に掲げるところにより吸収すること

（1）資本

①資本の構成

九州朝日放送は倍額以上の増資を行い、その増資分の割り当てを次の通りとする

九州朝日放送　　二〇％

朝日テレビ放送　　五〇％

九州テレビジョン　三〇％

②出資の制限
一新聞社の出資が総資本の一〇分の一にならないよう措置すること
（2）役員
①役員の構成
当事者の協定による
②兼職の制限
ｉ一新聞社の代表権を有する役員が、九州朝日放送の代表権を有する役員を兼ねないこと
ii一新聞社の役員が九州朝日放送の役員（取締役）総数の五分の一を超えて占めないこと
iii九州朝日放送の常勤役員または各部門の長その他の常勤職員が新聞社の役員または主要職員を兼ねないこと
Ⅱ　放送番組は教育及び教養番組をあわせて三〇％以上とする
Ⅲ　以上の点について申請書を整えるとともに、朝日テレビ放送および九州テレビジョンの申請を取り下げること。提出期限は一〇月一〇日午後五時、提出先は郵政省
備考　右の吸収措置を行うに当たっては、テレビ西日本及び朝日テレビ放送の合体する会社と近い

将来において合併できるよう特段の配慮をすることを希望する

ＫＢＣは郵政省のこの方針に応じ、締め切り日に申請書を出し直し、手続きを完了した。

「関門」についても同じように、競願者が同省に呼ばれ、一局はテレビ西日本と朝日テレビが七対三の割合で合体して「テレビ西日本」を設立。もう一局は西部毎日テレビとラジオ山口、北九州テレビ放送が六対三対一の割合で合体して「西部毎日テレビ」を設立し、将来はこれと「福岡」のラジオ九州が合併するようにとの勧告だった。

ＫＢＣからすれば「関門」は門前払いの形となったが、朝日新聞社から見れば「福岡」ではＫＢＣを通じて、「関門」でもテレビ西日本への三割出資で足がかりをつかみ、両エリアのテレビ局に布石を打ったことになる。

永井大三の芝居気

この時期、田中郵政相に対する朝日新聞社の働きかけは、周到に行われていた。その先頭に立っていたのは、取締役の永井大三だ。

テレビ免許調整の最中、五七年の「夏のある日」、永井は政治部長の八幡次郎（のちＫＢＣ第七代社長）を伴って、郵政省の大臣室に田中を十分間、表敬した。食事に誘ったが、田中は「業者とはメシは食えん」と一蹴。しかし翌日、永井は田中を目白邸に訪ね、長時間の談判に入った。テレビのチャンネルプランに関し、「九州は朝日にくれ。大阪は朝日に抱かせてくれ。名古屋は相乗りやむなし」と永井は言い、田中は「よくわかった」と了解したという。永井は事前にたばこの箱の裏にメモしておいた三点の確認事項を田中に示し、サインを求めた。田中はそこにいったんローマ字で名前を書き、すぐに線で消した後、田の字を丸で囲んだ。

永井はこのエピソードをＫＢＣ三十年史のインタビューで披露した際、サイン入りのメモを持ち続けていると付け加えている。即断即決の田中と、永井はウマが合ったようだ。朝日新聞社の主流だった東大卒の記者出身ではなく、販売畑一筋で全国の新聞販売店主から絶大な支持を得ていた彼の人となりが、田中に好意的に受け止められたのかもしれない。

ストレートな表現だが、「九州は朝日にくれ」とは、「福岡」「関門」ともに朝日を認めてほしい。「大阪は朝日に抱かせてくれ」とは、朝日と毎日が相乗りとなった先発テレビ局の大阪テレビをラジオの朝日放送に吸収合併させてほしい、「名古屋は相乗りやむなし」とは、新局は朝日新聞と読売新聞の相乗りで我慢するという意味だろう。

テレビ免許が固まる直前、永井は田中から再び、目白邸に呼ばれた。早朝から陳情の順番を待つ大勢を横目に二階の部屋に入ると、「あんたにはもう話すことないわ」といわれ、十五分ほど世間話をして部屋を出た。階段を下りる永井に、田中は「朝日のいいなりになってたまるかー」とダミ声でどなった。永井もすかさず、「若い大臣が図に乗ったら承知しないぞ」とどなりかえした。「このちょっとしたお芝居に驚いて、番記者が飛んできた」と永井は回想しているが、二人はあうんの呼吸で歌舞伎のような見得を切る仲になっていた。

結果、「京阪神」では大阪テレビが朝日放送と合併する前提で、毎日新聞系の新日本テレビ（現・MBSテレビ）、読売新聞系の新大阪テレビ（開局時には読売テレビ）、産経新聞系の関西テレビに予備免許が下りた。「名古屋」では、中日新聞系の東海テレビに加え、朝日新聞と読売新聞か相乗りする形で名古屋テレビが決まった。「福岡」と「関門」はともに、永井が田中に確認した形で決着している。永井は七か月前の平井郵政相末期に騒動となったKBC「城戸事件」を踏まえ、九州だけでなく全国をにらみながら、田中との直談判を進めたといえる。

ちなみに、朝日新聞と毎日新聞が相乗りしていた大阪の民放テレビ第一号「大阪テレビ」について、いずれの新聞系列のラジオ局が吸収合併するかをジャンケンで決めた、という伝説が放送業界には根強くある。その真偽について、朝日放送の五十年史は「どうやら事実」としつつも、社長経験者の原清が「面白く作りすぎた話で、信用しない」と否定的であることも紹介し、断定していない。ただし、永井の回顧を踏まえれば、田中郵政相との間で「大阪は朝日が抱く」、つまり大阪テレビは朝日新聞直系の朝日放送が吸収合併し、毎日新聞直系の新日本放送（のちに毎日放送に改称）には新たにテレビ免許を付与するとの流れで調整が動いていたと見られる。ジャンケンをしたとされる当事者が特定されず、証言もないという不自然さからみても、これも「ちょっとしたお芝居」だった可能性がある。

なぜ１ｃｈを獲得出来たのか

それはさておき、九州のテレビ局である。ラジオ九州は五八年三月一日に「福岡」エリアで九州の民放初のテレビ（４ｃｈ）を開局、「関門」エリアで予備免許を受けた西部毎日テレビを未開局のうちに合併し、同年八月一日に「ＲＫＢ毎日放送」と名を改めて「福岡」と「関門」の両エリアでのテレビ放送を一社でカバーする放送局として再出発した。

一方、「関門」エリアのテレビ局として先陣を競ったテレビ西日本は、ＲＫＢの四週間後に開局にこぎつけた。ＮＨＫは民放に先んじて、五六年三月に「福岡」の福岡テレビ局、翌年六月には「関門」の小倉テレビ局を開いている。ＫＢＣはやや遅れて五九年三月一日、「福岡」エリアでテレビ放送を始めた。

ＫＢＣは、福岡県内ではＮＨＫも含めると六番目のテレビ開局なのに、なぜ「１ｃｈ」なのか。それは、こんな事情からだ。

ＮＨＫ福岡（ＪＯＬＫ―ＴＶ）　３ｃｈ　「福岡」　五六年三月開局

ＮＨＫ小倉（ＪＯＳＫ―ＴＶ）　６ｃｈ「関門」五七年六月開局
ラジオ九州（ＪＯＦＲ―ＴＶ）　４ｃｈ「福岡」五八年三月開局
西部毎日テレビ（ＪＯＦＯ―ＴＶ）　８ｃｈ「関門」五八年八月開局
テレビ西日本（ＪＯＨＸ―ＴＶ）　10ｃｈ「関門」五八年八月開局
九州朝日放送（ＪＯＩＦ―ＴＶ）　１ｃｈ「福岡」五九年三月開局
（ラジオ九州と西部毎日テレビは五八年八月に合併し、「ＲＫＢ毎日放送」に）

電波の周波数割り当ては、使える帯域と混信防止の点から制約がある。ＮＨＫとラジオ九州までは、ＶＨＦの六つのチャンネルしか利用出来なかった。しかし、五七年六月の第一次チャンネルプランの段階になって、ＶＨＦの十一のチャンネル（１ｃｈから11ｃｈまで）が順次、利用可能となった。在日駐留米軍がレーダーなどに使っていた１ｃｈと２ｃｈが返還されることになったからだった。西部毎日テレビ、テレビ西日本と九州朝日放送のテレビ免許は、このチャンネルプランに沿ったもので、電波の混信を防ぐ交通整理から、「関門」には８ｃｈと10ｃｈが割り当てられ、「福岡」には１ｃｈが新たに割り当てられることになった。結果、「福岡」のＫＢＣが自動的に１ｃｈとなったわけだ。

ＫＢＣにとっては、ラジオ局の福岡移転が可能となったのは米軍極東放送（ＦＥＮ）の出力減少のタイミングが重なった幸運で、テレビの１ｃｈも在日駐留米軍の周波数返還と時期が合致したからというのは、因縁めいている。

テレビの「回すチャンネル」がリモコンのボタンに変わり、地上波がアナログからデジタルに変わっても、「1ch」というのはやはり、視聴者の印象に残りやすい。東京から福岡に転勤して来て、それまで毎朝「おはよう日本」をNHKで見ていたので、1chをつけたら「アサデス。KBC」が映り、結局そのまま福岡の朝は1chになったという人が多い。

ちなみに、チャンネルプランによって「京浜」エリアで最初に1chが割り当てられたのはNHK東京教育テレビである。五九年一月に教育テレビは開局するが、三か月後の同年四月、総合テレビとのチャンネル交換によって、総合1ch、教育3chとなり、首都圏ではこれが今に至っている。

地上波テレビのデジタル転換（地デジ化）の際、リモコンのチャンネル番号についてNHKは総合1ch、教育3chを全国で同一化するよう希望したが、KBCをはじめとする1chの民放テレビは番号継続を強く主張し、これを維持している。*福岡県では、NHKテレビの総合は3ch、教育が2chである。

＊　民放で現在も1chを維持しているのはKBCのほか、HBC（札幌）、青森放送、東北放送（仙台）、北日本放送（富山）、東海テレビ（名古屋）、日本海テレビ（鳥取）、四国放送（徳島）、南日本放送（鹿児島）で合計九局。

まず「福岡」で、「関門」は様子見

田中郵政相が差配したチャンネルプランの免許で、関門エリアの西部毎日テレビは「勧告に従って」、福岡エリアのラジオ九州と合併交渉を進め、合併新会社のＲＫＢ毎日放送となって福岡県のほぼ全域をカバーするテレビ放送を始めた。一方、関門エリアのテレビ西日本と福岡エリアのＫＢＣについても、「近い将来合併できるよう特段の配慮をすることを期待する」との「備考」が付いていたのは先述の通りだ。

この備考が、どれほどの拘束力を持っていたのか。免許の「条件」とみることも出来るが、備考にとどめる形で免許は付与され、あくまで「期待」の表明と受け止めることも可能だ。平井郵政相末期の「城戸事件」で、ＫＢＣとテレビ西日本がドタバタと作成し、大臣辞任当日に郵政相に届けた覚書の後始末の意味もあって、ともかく形式的に付け加えたと言えなくもない。

ＫＢＣの取締役会でも、この「備考」について議論された記録が残っている。「覚書」にもかかわった中原繁登常務が「テレビ西日本との合併は時期を失せぬように早く手を打つべきだと考えるが、その方針は」と詰め寄ったのに対し、團伊能会長は「態度を早急に打ち出すのはまずい。当分は情勢を見ながら『福岡』で事を進めるのが上策だ。『関門』（テレビ西日本）では朝日（新聞）が顔を出している（三〇％出資しているとの意味）ので、これを突破口としたい」といなしている。

この取締役会の直後に、本間一郎は社長の座を團伊能に託す。「テレビは私には荷が重すぎる。バックと力量を持っておられる團会長に社長を譲りたい」というのが退任の弁だ。

團伊能は、戦前の血盟団事件で暗殺された三井財閥の総帥、團琢磨の息子で、石橋正二郎ブリヂストン社長とは姻戚関係にあった。同じく石橋の姻戚である石井光次郎が、ＫＢＣの経営テコ入れに石橋に会長就任を求めた際、「私の代わりに」と石橋が推した人物だった。

團は東京在住で、プリンス自動車（日産自動車の前身）社長とブリヂストン自転車（現・ブリヂストンサイクル）社長を務めていたが、そのまま兼務で五七年五月にＫＢＣ会長に就いた。直後に起こった「城戸事件」で経営陣が混乱する中、八月に代表権を持ち、本間に代わって一〇月には第三代社長となった。

本間社長は「城戸事件」の七月以後、レームダック状態だったと推測されるが、何はともあれ福岡エリアでのテレビ免許が下りたことを節目に、経済人として東京でも名の通った團に引き継いだ形となった。ＫＢＣのテレビ開局準備は團のもとで進められたが、翌五八年三月に増資を決めた株主総会で、本間は取締役も退任して相談役に、中原繁登は監査役に回ることになり、会社創立以来の取締役は、非常勤の二人を除いて姿を消した。

福岡エリアのテレビ免許の条件に沿って、ＫＢＣは朝日新聞社がこのために作った「朝日テレビ放送」、地元経済人に産経新聞社もかかわった「九州テレビジョン」と合併した。この時、九州テレビジョンの発起人代表だった金子道雄（昭和自動車社長、唐津市長）が社外取締役に就いた。昭和自動車の後継持株会社は今も、ＫＢＣグループホールディングスの第三位株主であり、孫の金子直幹・福岡トヨタ自動車社長が社外取締役を務めている。

さて、関門エリアのテレビ西日本と福岡エリアのＫＢＣはそれぞれ、五八年夏から五九年春にかけて順次、テレビ放送を開始した。しかし、一向に合併する気配がない。そればかりか、たすき掛けでエリアを拡大する動きを見せた。先に一本化したＲＫＢ毎日は、「たび重なる郵政相の交代で、ほとぼりのさめたころを見計らって、両社は福岡ならびに関門にそれぞれの中継局の設置を申請した。当社はこれに対し、その不当性を訴え、強い態度で反対の意を表明した」（ＲＫＢ毎日放送編　一九七三）と憤懣やるかたない。それはそうだろう。福岡県全体で見れば、民放テレビは実質二局で市場を競うはずだったのに、三局体制になりかねないのだから。

ともかくも福岡県で三つの民放テレビ局がスタートしたのに、ぎくしゃくした関係にあるのを懸念したのが、電通の吉田秀雄社長*だった。小倉の出身だけに、地元福岡の「民放各局が仲良くやってほしい」と願い、五九年六月に電通が世話役となって三局役員によるゴルフ大会「筑紫会」を催し、優勝者に「吉田杯」を出した。以来、筑紫会は連綿と続き、二〇二四年五月には百四十六回を数え、今では在福の民放八社と電通グループの幹部が親睦を重ねている。

ＫＢＣとテレビ西日本の合併をめぐる話し合いは、「懇談の形で何度か行われた」とされる。しかしそれは郵政省への申しわけのようで、「ＫＢＣは北九州（関門）へ、テレビ西日本は福岡へ、なんとか画面を届ける手はないか。両社はこの意味で利害が完全に一致し、郵政省への打診、陳情など共同歩調で働きかけた」（九州朝日放送編　一九八三）。

朝日新聞社も両社の合併を促さなかった。ＫＢＣでは主導権を持ち、テレビ西日本でも実質三割の株式を持っていたにもかかわらずだ。チャンネルプランの修正がそう遠くない、との見通しを持っていたからだと思われる。

＊　吉田は終戦直後から、広告を収入源とする商業放送の実現に動いた、いわば日本における民放生みの親の一人である。一九四五年一二月に早くも設立申請を出した「民衆放送株式会社」の設立準備副委員長を務めた。民衆放送の構想を母体に、東京地区でのラジオ免許で朝日、読売、毎日の新聞三社を含む一本化調整をまとめ上げたのも吉田であり、五一年一二月にラジオ東京（現在のＴＢＳホールディングスの前身）の開局にこぎつけた。同時に、電通社内で広告放送に関する調査・研究を進め、全国の本・支社で「ラジオ広告研究会」を組織するなど、民放の普及と、それに伴う電通の業務拡大をリードした。

粘り勝ちで放送エリアを拡大

六一年六月に郵政省はチャンネルプランを修正し、十六のエリアで追加割り当てを決めた。翌月、関門エリアではＫＢＣ（２ｃｈ）とラジオ山口（４ｃｈ）、福岡エリアではテレビ西日本（９ｃｈ）に予備免許が交付された。

ＫＢＣは六二年二月一四日、福岡に遅れること三年で北九州テレビ局を開局した。テレビ西日本も同日、福岡テレビ局から放送を始めた。ＲＫＢ毎日が強く反対を続けていた、福岡県全域での民放三局体制が確立したことになる。なお、この時に、朝日新聞社はテレビ西日本から資本を引き上げている。新聞系列的にも、毎日新聞－ＲＫＢ毎日、朝日新聞－ＫＢＣ、西日本新聞－テレビ西日本とすっきりした形になるが、これがまたその後、読売新聞の九州進出に伴い、テレビのネット変更で大揺れとなる。

現在の北九州市を構成する、当時の門司、小倉、若松、八幡、戸畑の五市が大合併して九州初の政令指定都市になったのは六三年二月のことである。八幡製鉄（現・日本製鉄の前身）を中心に、日本を代表する北九州工業地帯を擁し、新市発足時の人口は百三万人の堂々たる「百万都市」だった。しかし、この半世紀の間に、県都である福岡市の人口が倍増する一方、北九州市は頭打ちとなった。二〇二四年現在の人口は、福岡市百六十四万に対し、北九州市は九十二万人となっている。

関門エリアのテレビ局として八幡市（現在の北九州市八幡東区）で創立されたテレビ西日本も、七四年には本社を福岡市に移している。

第四章　順風満帆でテレビ開局

福岡・平和台球場のバックネットから白球を追う KBC のテレビカメラ

田中角栄が腕を振るった「全国にテレビ局を」という波に、ＫＢＣはとにもかくにも上手く乗った。福岡のど真ん中、天神から見上げるＫＢＣのテレビタワーは、東京タワーと同じ一九五八（昭和三三）年生まれである。「久留米のラジオ局」からスタートしたＫＢＣが、本社移転を重ねて「福岡のテレビ・ラジオ兼営局」となったのは五九年春のこと。テレビ史に残る出来事である皇太子（のちの平成天皇）ご成婚パレード中継のひと月前だった。翌六〇年には日米安保条約の改定をめぐり、反対を叫ぶ学生、労働者が国会を包囲する中、新条約の自然承認を待って岸信介首相は退陣した。代わった池田勇人首相が「所得倍増論」を打ち出し、日本は高度経済成長をひた走る。ＫＢＣテレビは複数の東京キー局から選り取りで人気番組を編成することが出来、順調な滑り出しを見せた。会社創立から八年目にしてようやく黒字化を果たし、九年目で株主に配当が行えるまでになった。

三度目の正直

ＫＢＣが久留米から福岡市博多区の中洲に移転したのは五六年師走だったが、それからわずか二年余りで、今度は同市中央区天神の北隣り、長浜にまたもや移転する。テレビ開局のためで、高さ一六八メートルのタワーを背にした新社屋である。

テレビの放送開始は五九年三月一日だった。東京のフジテレビ、大阪の毎日放送（ＭＢＳ）テレビと同日で、華やかな開局記念番組はそれぞれと共同制作の形をとったものもあった。

ＫＢＣがテレビ開局のために投じた費用は、新社屋一億七〇〇〇万円、タワー八〇〇〇万円、機械設備一式二億五〇〇〇万円で、合わせて五億円に達した。赤字続きで自転車操業の会社に蓄えはないうえに、五七年後半から世は「なべ底不況」に陥っていた。都市銀行からの借り入れは大蔵省・日銀の窓口規制によって出来ず、信託銀行や規制を受けていなかった生命保険会社から朝日新聞社の保証で約七億円を手当てした。

この時に竹中工務店が施工したタワーは、世紀を越えて二〇二四年現在もほぼそのままの姿で立っている。九州一の繁華街、天神の交差点から北西を見上げれば、一目で目立つ福岡のランドマークだ。東京タワーのほぼ半分の背丈だが、同い年にあたる。

それにしても、ＫＢＣは創立から短期間で引っ越しを繰り返している。久留米の本社は三年、中洲は二年三か月。それぞれが簡易な作りではなく、既存ビルに増築したしっかりとしたものだっただけに、移転後の利用、処分に苦労している。出たとこ勝負でチャンスをつかむ経営と、そのたびごとに堅牢な本社を作った姿勢に、ちぐはぐなものを感じさせる。

ともあれ、テレビ開局に伴う長浜への移転が「三度目の正直」になった。これ以降、現在にいたるまで、この地を離れてはいない。

スタートはクロスネット

思い込みとは不思議なもので、人は今ある状態がずっと昔から変わらずに続いていると思いがちだ。例えば、福岡の民放テレビである。地上波のデジタル化以降にテレビを見始めた年代なら、各局がそれぞれ以下のように東京キー局と結びついているのは常識だろう。

1ch　KBC　テレビ朝日系列
4ch　RKB毎日　TBS系列
5ch　福岡放送　日本テレビ系列
7ch　テレQ　テレビ東京系列
8ch　テレビ西日本　フジテレビ系列

しかし、現在の系列関係に落ち着くまでには紆余曲折があった。福岡県全域で民放テレビ三局体制がスタートした六二年二月一四日の状況はこうだ（チャンネルは福岡エリア、関門エリアは別）

1ch　KBC　フジテレビ系列＋日本教育テレビ（NET、現・テレビ朝日）系列
4ch　RKB毎日　TBS系列＋日本教育テレビ系列

9ch　テレビ西日本　日本テレビ系列

　RKB毎日がネットした日本教育テレビの番組は学校教育放送。なお、この時点でテレビ東京の前身である日本科学技術振興財団のテレビ局（六四年四月開局）はまだない

　KBCのテレビ開局一週間の番組表を見ると、全放送時間の五四・五％がマイクロ回線で受けたネット番組である。それを発局別に見ると、フジテレビ六一％、関西テレビ六％、NET二一％、MBS一二％となる。関西テレビを含むフジ系列で三分の二を占めており「KBCテレビはフジ系列としてスタートした」と言って差し支えない。自社で賄う時間が意外に多いのは、電電公社のマイクロ回線使用に制約があったこともある。スポーツ中継や地元ニュース、料理番組などは自社制作しているが、在京の制作プロダクションから購入したフィルム番組を多用していた。また、全国ニュースについては、東映と朝日新聞社が共同出資で立ち上げた「朝日テレビニュース社」から、NETを通じる形で受けていた。

　そもそも、民放テレビのスタート時に、現在のような東京キー局を軸としたネットワーク系列というシステムは想定されていなかった。正力の「日本テレビ放送網」による、インフラも含めた全国総合通信網の構想を除いては。

九州初の民放テレビとなったラジオ九州（現・RKB毎日）は五八年三月のテレビ開局時、全国でも六番目だったが、「一般の番組について、地方局は東京二局のどちらからネットしてもよい、という自主性を持つ選択の自由が認められる実績が生まれていた」（RKB毎日放送編 一九八二）。また、郵政省も当時、戦前の中央集権的なメディア統制の歴史に鑑み、マスメディア集中排除の原則を徹底するよう求めていた。同局も当初は、東京で先行していた二局、日本テレビとKRT（現・TBSテレビ）から選り取りで番組を得ていた。

しかし、田中郵政相によって一挙に、大量に免許交付された全国の民放ローカル局は、その多くが編成と営業の両面で効率的なやり方に流れていった。収入を広告に依存する民放のビジネスモデルからして、全国規模の広告主に対応するには自社の放送枠を東京や大阪の先行局に委ねるのが手っ取り早い。東京で民放テレビ四局体制が確立し、地方でも順次、複数のテレビ局が開局するにつれて、東京キー局を頂点とするネットワーク系列が形作られていくのに時間はかからなかった。

日本テレビは五八年八月、同じ読売新聞社系の読売テレビが大阪地区で民放テレビ三局目として誕生したのを機に、「大阪では読売テレビ以外に番組を送らない」と完全ネットを表明。同じ月に「関門」で開局したテレビ西日本との間でも、巨人戦を主とした野球中継の一括販売方式をまとめた。ラジオ九州はRKB毎日と名を改めた翌年の五九年三月に、KRTを軸にHBC（札幌）、CBC（名古屋）、ABC（大阪）とともに「五社連合」を結成した。現在のTBS系列、JNNネットワークの原型である。

開局時から自社制作続く

テレビ開局時のＫＢＣに話を戻そう。五九年三月一日に放送された開局記念の目玉番組は、午後〇時半からの歌舞伎「源氏店（与話情浮名横櫛）」で、市川海老蔵（九代目、のち十一代目団十郎）の与三郎、尾上梅幸のお富という座組だ。同日開局のフジテレビと共同制作ということになっている。五年前のＫＢＣラジオも歌舞伎で幕を開けたが、放送局も劇場に似て、こけら落としの縁起を担いだのかもしれない。

午後二時からの一時間は自社制作の生番組で、ロイ・ジェームスが司会する「開局記念ヒットパレード」だった。歌手は平尾昌晃、山下敬二郎、ペギー葉山、沢たまき、ダークダックスらが出演したと記録にある。ロカビリーで人気の平尾は、のちに作曲家としても成功するが、福岡に歌唱教室を開いたこともありＫＢＣの自社制作番組にはこの後もたびたび出演する常連となる。

二時間余りの午後の休止をはさんで、放送は午後五時半に再開。夜は自社購入したフィルム番組「警視庁鑑識シリーズ」に、フジテレビからネット受けの米テレビドラマ「うちのママは世界一」、長寿番組となる「スター千一夜」と続いた。午後一〇時にＮＥＴからネット受けの「朝日新聞ニュース」があり、一〇時半から三十分間、やはり同日開局したＭＢＳテレビからネット受けした「金語楼の舞踏劇」で日曜日の放送を締めくくっている。エノケン、ロッパと並んで三大喜劇人として活躍した柳家金語楼が主役で、丹下キヨ子と柳沢真一、トニー谷が絡むコメディーで、こちらも名目上はKBCとの共同制作となっている。トニー谷はKBCラジオの開局初日にも登場していた。

翌日からの平日でも、正午から一時間は「KBCニュース」「お料理手帖」「ランチタイムミュージック」の自社制作番組を並べている。初のスポーツ中継は開局七日目、土曜の午後に八幡で開催されたラグビー、カナダ代表対八幡製鉄所の一戦だった。

ラジオの経験があるとはいえ、新参のテレビ局としては精力的な自社制作といえる。しかし、そうせざるを得ない事情もあった。電電公社のマイクロウェーブ回線である。

開局当時、大阪と福岡を結ぶマイクロ回線は六本しかなかった。その割り当ては、電話回線用が一本、NHK用が二本、民放のRKB毎日とテレビ西日本が一本ずつで、残り一本は電話回線の予備という位置付けだった。民放テレビ三局目のKBCはこの予備を使うしかなかった。

「KBCテレビの第一歩はマイクロとの闘いから始まった」と当時の技術陣は振り返る。テレビ開局の前年に技術部員として入社した谷川義之（のち企画局長）は、中継回線の確保に四苦八苦した。その苦労を見聞きして育った長男の谷川浩道・福岡商工会議所会頭は、縁あって二〇一九年からKBCの社外取締役を務めている。

マイクロの電話回線は日中が混むから、予備回線にいつ電話が入ってくるかもしれない。だから昼のニュースを東京からマイクロ受けするのは危ない。自社で取材したり、ラジオ用に送られてくる朝日新聞ニュースを使ったりして、写真やテロップでテレビらしくした。穴を埋めるため、「フィルムは走る」と題して、地元の季節映像を撮りにカメラマンが文字通り東奔西走した。

マイクロ回線は開局から八か月余り経って一本増設され、東京と大阪からのネット受けが安定する。それでも、開局当初から自社制作を試行錯誤し、厳しい条件の中で番組をやりくりした経験は、その後もＫＢＣテレビの土台となって、今に引き継がれている。

選り取りでネットはフジに傾斜

ＫＢＣテレビの開局当時、ＲＫＢ毎日はＫＲＴ（現・ＴＢＳテレビ）と、テレビ西日本は日本テレビとの系列関係を明確にしつつあった。残っていたのは、東京三局目で一か月早く開局していた日本教育テレビ（ＮＥＴ）と、四局目でＫＢＣと同日開局したフジテレビだった。

開局一週間のネット受け番組が全体の半分強、うちフジからが六割に対し、ＮＥＴからが二割というのは、何のしばりもなくＫＢＣが選んだ結果だった。ほぼ同時期にスタートした東京の二つの新局なのに、これだけ差がついているのは、ドラマやバラエティーなど娯楽番組の多寡に由来する。フジのテレビ免許が一般局であるのに対し、ＮＥＴは番組の「五三％以上が教育、三〇％以上が教養」と条件付けられた「教育局」だった。

ＮＥＴからのネット受けには「朝日新聞ニュース」の分が上乗せされているが、これは朝日新聞社の合弁相手が東映だったからで、この時点で朝日新聞社とＮＥＴに資本関係はなく、ＫＢＣもＮＥＴとは特段の付き合いはなかった。東映は旺文社と並んで、ＮＥＴの主要株主であり、ＮＥＴの初代会長（のち二代目社長）には大川博東映社長が兼務で就いていた。

民放「教育局」があったころ

二一世紀となった今、かつて民放テレビに「教育局」というカテゴリーがあったと知る人は多くないだろう。テレビ朝日の前身が「教育局」としてスタートしたＮＥＴである名残りは、同社が中心となって「民間放送教育協会」を組織しているくらいだ。

「教育局」の条件で開局したのは、同社ともう一つ、現在のテレビ東京の前身である財団法人日本科学技術振興財団だけだ。ただし、これは業界でも忘れられかけているが、大阪の読売テレビ（五八年八月開局）とＭＢＳテレビ（五九年三月開局）、北海道の札幌テレビ（五九年四月開局）は、いずれも免許時に番組の「二〇％以上が教育、三〇％以上が教養」との条件が課せられた「準教育局」だった（木下　二〇二一）。

民放テレビの草創期、力道山がリングで活躍するプロレス中継は街頭テレビで人気を博するが、同時に暴力的に過ぎる、血なまぐさいとの苦言が出た。さらに、日本テレビのバラエティ番組「ほろに

がショー　何でもやりますショー」において、「六大学野球の早慶戦で、早稲田の応援席で慶応の大旗を振った人に賞金プレゼント」という企画がやらせ演出であると発覚したことをきっかけに、「一億総白痴化」と名付けられたテレビ批判が巻き起こった。

これらを背景に、テレビ局の大量免許に合わせて、教育、教養番組の重要性が強調され、NHKには教育テレビが、民放でも地区によっては「教育局」「準教育局」の条件付きで開局が認められることになった。また、民放の「一般局」に対しても、番組種別上の「教育」「教養」が合わせて三〇％以上となるよう義務付けられた。

「教育」区分でもとくに学校教育番組は、広告主が見つかりにくい。NETの開局当初の番組表を見ると、平日の午前一〇時から正午まで、「動く実験室」「なかよし音楽クラブ」などの学校教育番組が並ぶ。六〇年度の実績で「学校教育番組二十八パターンの総制作費が三億一〇〇万円であったのに対して、年間の営業収入はわずかに九三〇〇万円。差し引き二億八〇〇万円の赤字額は、当社の一か月分の営業収入にも匹敵するもので、経営的にみても予想以上のリスクを背負う結果となっていた」と同社の二十五年史は振り返る。

福岡エリアで開局したKBCテレビは、「一般局」免許だった。さらに、フジテレビとNETから「選り取り」で番組を得られたので、学校教育番組のネット受けは限定的だった。ラジオ開局以来、赤字続きのKBCにとって、テレビ経営の足かせとなる学校教育番組に目配りする余裕がなかったというのが実情だろう。

一方で、先発局で経営的にも余裕があったＲＫＢ毎日は学校向け教育放送に積極的だった。放送時間を順次、全日に拡大する方針の下、六一年四月の新学期から、月～土の午前一〇時から一一時五〇分までをすべて学校向けとし、ＮＥＴから番組をネット受けした。合わせて、「ＲＫＢ毎日・テレビ教育研究会」を組織し、福岡県内を中心に小・中学校、幼稚園、保育園、公民館など千を超える団体を組織して、研究活動に取り組んだ。

ＲＫＢ毎日の学校向け教育放送は七一年度いっぱいでピリオドを打つが、「営業的には採算のとれない教育放送を実施」したのは「地域社会への貢献」であり、十一年間の実績は「エリアの内外に、教育に貢献する、信頼できるＲＫＢのイメージをしっかりと刻みつけるに至った」（ＲＫＢ毎日放送編一九七二）と総括している。テレビ朝日が束ねる「民間放送教育協会」（六二年に「協議会」として発足、六七年に改組）に福岡のテレビ局として参加しているのは、系列のＫＢＣではなく、今もＲＫＢ毎日であり続ける背景である。

＊「科学技術教育局」として六四年四月に開局。番組の六〇％以上が科学技術教育、一五％以上が一般教育と条件付けられていた。七三年一一月に株式会社「東京12チャンネル」に改組、八一年一〇月から「テレビ東京」となっている。

目立つ外国ドラマとクイズ番組

ＫＢＣのテレビ開局から数年の間で、ＮＥＴ発で目立つのは外国テレビ映画であり、ＭＢＳ発はクイズ番組である。

米西部を旅するカウボーイが先々で無法者と闘い、仲間の力で危機を乗り越えて行く、連続ドラマ「ローハイド」は五九年一一月にスタートした。米ワイオミング州ララミーの牧場を舞台に繰り広げられる西部開拓期の人情劇「ララミー牧場」は翌年六月からだ。いずれも映画評論家の淀川長治が解説をつけ、声優陣が日本語に吹き替えた。「テレビに出るアメリカ人は上手に日本語をしゃべる」との笑い話が出るほど、人気が集まった。六一年に「ローハイド」は四三・四％、「ララミー牧場」は四三・七％の最高視聴率をたたき出した（数字は東京地区）。

一方、大阪のＭＢＳからのネット受けでは、六三年スタートの「アップダウンクイズ」（司会は市村俊幸→小池清アナウンサー）、翌年から始まった「ダイビングクイズ」（司会は千葉信男→若井はんじ・けんじ）が人気番組となった。純然たるクイズ番組ではないが、視聴者参加番組で限度額ぎりぎりまでの買い物を競う「がっちり買いまショウ」も夢路いとし・喜味こいしの軽妙な司会で定着した。

実は、解説付きの外国テレビ映画は、海外の文化と地理、歴史、風俗を学ぶ「教育」番組に分類されていた。クイズ番組は、楽しみながら知識を増やすとして「教育」「教養」に分類出来た。「教育局」としてスタートしたＮＥＴと「準教育局」のＭＢＳにとって、「教育」「教養」番組の量的規制をクリアしつつ、視聴率も上げることが出来る外国テレビ映画とクイズ番組は貴重なコンテンツだった。

ベストミックスの五年間

ＫＢＣテレビは、フジテレビからネット受けする娯楽番組を主に、ＮＥＴとＭＢＳからの「教育」「教養」的な人気番組を組み合わせ、ライバルのＲＫＢ毎日、テレビ西日本としのぎを削っていった。開局時の「福岡」エリアのテレビ受信機台数は十三万台と推定（ＮＨＫの受信契約は約九万五千）されたが、二年後には三・八倍と急激な伸びを見せていた。さらに、「関門」エリアも開局して福岡県のほぼ全県に放送範囲が広がったことで、台数は推定八十五万台となった。まさに追い風だった。

月間収入が初めて一億円の大台を超えたのは、テレビ開局翌年の六〇年一二月のことだ。この年度の決算で二〇九一万円の経常黒字を、創立以来初めて計上した。さらに、「関門」でもテレビが開局した六一年度の決算で、創立から九年目でようやく累積損失を一掃し、利益を繰り越した。

六一（昭和三六）年度決算

収入　ラジオ　　三億五八五一万円

　　　テレビ　一二億三三三七万円

総計　　　　一六億一三四七万円

支出　　　　　一四億二九九六万円
利益　　　　　　一億八三五〇万円
（次期繰り越し　　　　一九三万円）

この決算を受けて、六二年五月二八日の株主総会で、株主への一割配当が決まった。会社創立以来、数次にわたる増資にもかかわらず、配当が出来るようになるまでに九年を要したことになる。ラジオの放送開始から八年半、テレビを始めて三年が経っていた。

専務の比佐友香はこれに先立つ年賀会で、社員にこうあいさつしている。

「みなさんの努力によって、ＫＢＣは〝けちで、びんぼうで、しみったれ〟の呼び声を、〝カインド、ビューティフル、チャーミング〟に改めるべき年になる」

六一年度のラジオ収入は月間平均二九八七万円で、福岡移転、一〇キロワット出力増強で黒字を目指すめどとした三〇〇〇万円にわずかに届いていない。全社共通経費の割り振りもあるが、ラジオは収支とんとんで、利益はすべてテレビが生み出したのが内実だ。

ラジオは、ＫＢＣ自身を含むテレビの隆盛によって、新たな試練に突き当たっていた。人気だった子ども向けの三十分間のドラマは姿を消した。バラエティーや舞台中継、公開録音番組が順次、テレビに移行していった。代わりに、音楽とおしゃべりで構成するワイド番組が主流となり、「電リク」と呼ばれることになる聴取者から電話で好きな楽曲をリクエストしてもらう番組も登場した。一方で、広告スポンサーをつなぎ止めようと五分間のミニ番組が多数、積み重ねられていった。

頭打ちとなったラジオの打開策として、テレビとの兼営局であることを活かしたイメージ戦略がスタートしたのは六一年夏のことだ。ラジオ放送部長の堤剛成が、東京支社編成部員・江上知のつてを頼りに、作曲家のいずみたくに相談。野坂昭如作詞、いずみたく作曲という豪華なイメージソング「カキクケＫＢＣ」が出来上がった。

カキクケＫＢＣ　きいてるみてるＫＢＣ
パチリ　スイッチ　ラジオにテレビ
朝からきょうもＫＢＣ　ＫＢＣ　ＫＢＣ
パチリ　スイッチ　カキクケＫＢＣ

イメージソングに合わせて、ラジオの大幅な番組改編を実施。電話を活用してリスナーとの双方向性を高める、「もしもしハイハイお知恵交換台」（平日午後）、「ハイ気象台です」（平日二回）、「ＫＢＣ

テレフォンリクエスト」（土曜夜）などの自社制作番組を投入した。これにより、この年三月段階では二二％対四四％のダブルスコアでライバルＲＫＢ毎日に惨敗していたラジオ聴取率が、翌六二年一一月には三八％対二八％で大逆転する成果を上げた。

ＫＢＣではテレビ部門がフジとＮＥＴの「いいとこどり」で順調に推移し、ラジオ部門もラ・テ兼営局の立場を活かしてなんとか持ちこたえた。テレビ開局からの六四年ごろまでは「ベストミックス」の五年間だった。しかし、その先に、突然の事態が待ち受けていることを、ＫＢＣの関係者は誰も知らなかった。

第五章　ネットワーク変更は突然に

新系列発足を祝う大川NET，比佐KBC，高橋MBSの3社長（右から）

日本が念願していた初めての東京五輪開催に沸いた一九六四（昭和三九）年、ＫＢＣは思いもよらぬ大波をかぶる。良好な関係にあった東京キー局のフジテレビから突然、「三か月後のネットワーク打ち切り」が通告された。この危機に直面したのは、相次ぐトップの在職中の死去で、思いがけず社長に就いた初の朝日新聞社ＯＢだった。テレビのネットワーク形成で後手に回っていた朝日新聞社は、この危機を逆手にとって、ＮＥＴ（現・テレビ朝日）を軸とした全国系列の確立に動く。郵政相時代に全国でテレビ局の大量免許を断行し、地方でも都会と同じようにテレビを見ることができるよう願った田中角栄は、「当時は見落としがあった」として、首相となった七二年に改めて新聞全国紙を活用したテレビの五大系列化を強力に進めた。

トップ二人の急死と「村山騒動」の中で

ＫＢＣでは六三年秋から翌年春にかけて、在職中の経営首脳の訃報が相次いだ。テレビ開局を果たした團伊能から四代目社長を引き継いでいた木村重吉（前西日本鉄道社長）が一一月に亡くなったのに続いて、後継に推薦されていた副社長の香月保（元朝日新聞編集局長）も社長就任を待たずに六四年三月に急死した。

ちょうどこの時期、朝日新聞社ではのちに「村山騒動」と呼ばれる一大社内紛争の最中だった。六三年一二月二四日に開かれた定時株主総会において、内定していた取締役の選出で永井大三（常務東京本社業務局長、電波担当）だけが、大株主の創業家村山社主家の意向による動議と採決で再任を拒否された。同社では過去に例のない事態だった。反発した業務関係の役員全員が辞任願を村山長挙社長に提出。さらに、全国の新聞販売店主が代金の本社納入を拒否する動きにまで発展した。これを受けて、村山社長と上野会長は事態の責任をとって年明けの一月二〇日に辞任（ともに社主と取締役の地位はそのまま）し、西部本社代表でKBC社外取締役でもあった広岡知男と名古屋本社代表の進藤次郎が代表取締役に就いた（社長は空席で、一一月になってOBで全日空初代社長などを歴任した美土路昌一が就任）。

電波政策で読売新聞社に対する朝日新聞社の遅れを巻き返そうとしていた永井大三は、KBCにとってもテレビ免許の獲得で大きな力を及ぼしていた。その永井が退場するのと前後して、現職の社長、副社長が続けて亡くなったKBCに対して、朝日新聞社が新たに後継の社長を送る余裕はなかった。思いもかけぬ展開で新聞社の首脳となった広岡が、KBCの社長に推したのが、専務として実務を担ってきた比佐友香だった。

比佐は朝日新聞の論説委員を経て、終戦後に地方紙「函館新聞」の経営に携わり、六〇年からKBCの経営陣に加わっていた。社長と副社長の急死、村山騒動による朝日新聞社の混乱が重ならなければ、比佐がKBCのトップとなることはなかったかもしれない。六四年三月三〇日、比佐は初めての朝日新聞社出身として、KBCの五代目社長に就任した。

その比佐が三か月後、KBC経営の根幹を揺るがす事態に直面する。七月一日、比佐は福岡空港ですれ違ったフジテレビの専務福田英雄から、立ち話のうちに重大な通告を受ける。福田がその足でKBC本社を訪ね、留守を預かる役員に正式に手渡した文書は「九月三〇日をもって、フジテレビはKBCに対するすべての番組ネットを中止し、テレビ西日本に移行する」という通告書だった。

この当時、KBCのネット受け番組の七割がフジテレビ（および同系列の関西テレビ）発だった。フジテレビの通告は、三か月後にはKBCテレビの番組表の大半に穴が開くことを意味した。「KBCにとって文字通り寝耳に水であり、大衝撃であった」と三十年史は書いているが、もしその通りだったとしたら、KBCの経営陣はいかにのんびりしていたかということになる。

読売新聞の九州進出が引き金に

今から振り返れば、フジテレビがKBCからテレビ西日本に「乗り換える」起点は、読売新聞の九州進出にあったといえる。テレビ西日本の開局日は大阪の読売テレビと同じ五八年八月二八日で、この日から日本テレビ（東京）‐読売テレビ（大阪）‐テレビ西日本（関門）という三局直列のネットを組み立てていた。一方で、テレビ西日本の母体である西日本新聞社は、読売新聞の九州進出に強い懸念を抱いていた。朝日新聞と毎日新聞は戦前から、北九州に発行拠点を置いてきたが、その戦列に読売新聞が加われば、競争はさらに激しくなる。読売に読者を一番食われるのは西日本ではないか、との恐れだった。

読売新聞社は六三年秋に、北九州市内で西部本社ビルの建設を始めた。読売が九州進出に踏み切れば、テレビ西日本は放送する読売新聞ニュースやプロ野球の巨人戦中継で、否が応でも読売の浸透に活用されることになる。西日本新聞とテレビ西日本の社長を務めていた田中斉之は矛盾を抱えていた。

その田中に助け舟を出したのが、早稲田大時代の同窓である作家の尾崎士郎だった。尾崎は戦前、小説「人生劇場」で人気作家となり、同人誌を通じて水野成夫とも親しい間柄であった。水野は戦後、財界人として名をはせ、フジテレビの社長に就いていた。田中は尾崎に「フジテレビの水野社長を紹介してほしい」と頼み、人知れず三者会談を重ねた（境　二〇二〇）。これがまさに六三年秋のことだ。

病を得ていた尾崎は翌六四年二月一九日に息を引き取るが、そのころまでにはフジテレビがテレビ西日本と組むことが固まっていたようだ。それは、テレビ西日本が日本テレビと手を切ることであり、結果としてKBCはフジテレビを失うことになる。このような裏の動きをみれば、KBCが「寝耳に水で大衝撃」というのは、本当ならばどうかしていると言わざるをえない。

フジテレビがKBCに対して番組ネットの打ち切りを伝えた同じ日、テレビ西日本の田中社長は日本テレビの福井専務に「ネット変更」を通告している。通告から三か月後の一〇月一日、テレビ西日本のネット受け番組は日本テレビからフジテレビに全面的に変わった。読売新聞が北九州市で印刷する西部本社版の発行を始めたのは、これに先立つ九月二三日だった。

窮地に立たされた新社長の決断

テレビ西日本のネット変更が主体的で計算されたものだったのに対し、ＫＢＣのそれは受け身で突然だった。ＫＢＣの取締役会議事録を見ても、事前の五月八日には気配すらない。事後の七月一三日では、「フジテレビから一日に突然、水野社外取締役の六月三〇日付けの辞表と、一〇月一日を期してフジ系ネットワークの破棄を申し入れて来た。社としては重大問題である。対策として急きょ、朝日新聞社に一層強力な支援と日本教育テレビ（ＮＥＴ）に番組強化を申し入れ承諾を得たが、社としては創業時の精神にかえり、全員一致してこの難局に対処する」と比佐社長が決意を表明している。受け止めは深刻だが、通告から二週間後にはすでに対応策が決まっていたことになる。実は七月二日、急きょ福岡入りした朝日新聞社の広岡代表取締役が、中洲の老舗料亭満佐に比佐を呼び、こう切り出していた。

「あなたの方にもいろいろ事情はあるだろう。しかし、朝日新聞社としてテレビの系列をもたねばならない。まず、九州を固めてから東京をとる。今を外して機会はもうない。この際、ＮＥＴとフルネットに踏み切ってほしい」

比佐は黙り込んだ。ＫＢＣの役員や幹部は、ＮＥＴフルネット化に大半が反対だった。それでは経営が立ち行かないからだ。その事情を察して、広岡は具体的な提案を示した。

「NETフルネット化でKBCの現在の収入を下回るようなら、NETに不足分を補償させる。もしそれが不可能な時は、朝日新聞社がマイナス分を穴埋めしよう。この条件でどうか」

比佐はこの提案を持ち帰り、その後の一週間、社内を説得して回った。もう一つの選択肢で、役員の中にも推す者が多かった「フジテレビの代わりに日本テレビをネット受けする」案は、「近い将来、福岡に四局目のテレビ局が認められれば、それは読売新聞系となるだろう。今回、とりあえず日本テレビに乗り換えても、何年か後にはまた縁を切られる。それでいいのか」という比佐の反論によって、立ち消えた。そして、一三日の取締役会では、広岡提案に沿ったNETフルネット化が全会一致で了承された。

広岡が言及した朝日新聞社による「減収補てん」について、KBC社内には長く、「覚書」の存在が伝えられて来た。しかし今回、七十年史の執筆にあたって社内に残る文書類を総ざらいしても、そのような書面は見つからなかった。そもそも、KBCがNETとフルネットの協定を結ぶ際に、第三者である朝日新聞社が減収補てんを約束するような「覚書」を差し入れることなどありえないことだろう。この「伝説」は、比佐が社内を安心させるために広めたものかもしれない。

いずれにしても、経営の根幹にかかわる決断を迫られたKBCの社長が、初めての朝日新聞社OBで就任わずか三か月の比佐でなく、地元財界出身で急逝した先代の木村だったら、どう対応したであろうか。NETを主としつつも日本テレビからも番組を受けるクロスネットという別の選択肢もあった。朝日新聞社の長期戦略より、KBC自身の足もとの経営を尊重したかもしれない。

一気に素早い対応

一〇月一日のネット全面変更まで、時間は限られていた。比佐は八月四日、東京のNET社長室で広岡の立ち合いの下、大川博・同社社長と「協定書」を結んだ。* KBCが一〇月以降、ネット番組について全面的にNETの番組を受け入れる一方、NETがKBCのテレビ収入額実績（七月実績のネットワーク番組収入）を保証することが骨子だった。一般局であるフジテレビが支払っていたのと同じ額を、教育局であるNETが保証するのは思い切った判断だったといえる。

NETからすれば、これで東京（NET）－大阪（MBS）－福岡（KBC）の基幹地区フルネットが実現することになる。「教育局として棘の道を歩み始めて五年。相当な経営的負担を覚悟しながら結んだKBCとのネットによって、NETは基幹地区ネットワーク体制確立への展望を切り開く、記念すべき最初の出発点を踏み出した」とテレビ朝日二十五年史は記している。「基幹地区ネット体制確立」の披露パーティーは三社の社長が勢ぞろいして、八月三一日に東京ヒルトンホテル、九月一一日に博多帝国ホテルで盛大に開かれた。ただし、ＮＥＴとしては「体制確立」ではあるが、朝日新聞社から見れば大阪は直系の朝日放送（ＡＢＣ）ではなく、毎日新聞直系のＭＢＳであり、ネットワークの「腸ねん転」解消が次の課題となった。

ＫＢＣテレビの番組表ががらりと入れ替わる大作業は、一〇月一日を期して円滑に行われた。目玉は、ＮＥＴでは春にスタートして評判を呼んでいた「木島則夫モーニングショー」がこの日の朝からＫＢＣでも放送されるようになったことだ。このほか、「山本富士子シリーズ」などＮＥＴ発のドラマが夜のゴールデンアワーに並んだ。一方で、フジテレビと同じ開局当日から連夜続いていた「スター千一夜」など、ＫＢＣの視聴者におなじみの番組が一夜にしてテレビ西日本に移動した。この改編に伴って、番組の比率はＮＥＴ発七八％、ＫＢＣ自社一四％、ＭＢＳ発八％となった。

ネットの全面変更にあたって、社長の比佐は全社員に対してこう話している。

「今までわが社の番組は、フジとＮＥＴのいいところだけをとって、漁夫の利をもって進んで来たきらいなしとしない。しかし今度は、ＮＥＴ、ＭＢＳ、ＫＢＣの三局が共同の計画のもとに、共同の責任と努力において、三局の繁栄をはかっていこうという道が開けた。われわれはいま、第二の創業時代に入ったと言っていいだろう」

時は東京オリンピックの開幕直前、五輪景気の喧騒の中にあった。

なお、比佐が指摘していた福岡の民放テレビ四局目は、福岡放送がUHF局として六九年四月一日に開局している。日本テレビのフルネットである。KBCのネット変更から四年半後のことだった。

＊　この協定書について、KBC三十年史は広岡の証言をもとに「大川、比佐、広岡の三人が調印した」と記述している。しかし、現存する書面に署名、捺印しているのは大川と比佐の二人だけである。広岡は立ち会っているが、協定の当事者ではない。

「ネット構想」を描いたのは誰か

KBCにとってフジテレビからのネット打ち切り、NETとのフルネット化は降って沸いたようなものだったが、朝日新聞社にとってはある意味で好機だったのだろう。当然のことながら、朝日新聞社は新聞業界のライバルである読売新聞社の九州進出をきっちりとフォローしていただろうし、西日本新聞社とフジテレビ（およびグループの産経新聞社）との水面下の動きを全く察知していなかったとは考えにくい。

朝日新聞社史・昭和戦後編によると、同社が「テレビ・ネットワーク構想を描いたのは六三年一月の常務会」である。構想の骨子は次の通りだ。

1　NETを朝日の名をつけたキー局とする
2（TBSとネットしている）ABCをNETとのネットに切り替える
3（日本テレビとNETの混合ネットの）名古屋放送をNETとの完全ネットにする
4（フジテレビとNETの混合ネットの）KBCをNETとの完全ネットにする

これが実現すれば、朝日新聞の発行拠点である東京、大阪、名古屋、西部（福岡）各本社所在地にあるテレビ局を、直列でネットワーク化できることになる。

この朝日新聞社史を原典として、ABCの五十年史も同様の記述をしている。ただし、この構想なるものが朝日新聞社の経営陣の中でいつから、どのように認識されていたのか。当初からこのように明確なものだったのかどうかは、精査が必要かもしれない。

朝日新聞社で役員会関係の記録を保管している法務部によると、現存する記録は六五年以降のもので、「六三年一月の常務会」に関するものは見つからなかった。また、同社で「常務会」が発足したのは村山騒動後ではなかったか、という指摘もある。もちろん、役員会の常勤コアメンバーが「常務会」的な会合を六三年一月に開き、その席でテレビ・ネットワーク構想が話題になった可能性は排除できない。

六三年一月の段階で、同社の電波担当役員だったのは永井大三である。ネットワーク構想を「常務会」で示したなら、彼以外には考えられない。KBCを含めたテレビ免許を巡る朝日新聞社の動きや田中角栄との関係からして、政界にも深く通じていた永井の頭の中に構想のアウトラインがあったとしても不思議ではない。

しかし、ABC五十年史の記述は、朝日新聞社の六三年一月の常務会を受ける形で、翌六四年一月に代表取締役で電波担当にもなった広岡知男（のち社長）がABCの鈴木社長を訪ね、「将来はABCも朝日新聞のネットワークの中軸になると思うので、ぜひご協力を」とあいさつしたとなっている。広岡に直接インタビューした肉声を交え、その後に在京キー局と新聞社の資本整理（朝日新聞社出資のNETへの一本化）を広岡が時の田中角栄首相と交渉し、ABCの七五年三月三一日からのネット変更（TBSからNETへ、俗にいう「腸ねん転解消」）にこぎつけたと記している。朝日新聞社のテレビ・ネットワーク構想について、広岡が一から絵を描き、汗を流し、実現したようにも読める。

実際、六四年一〇月のKBCのNETフルネット化、同年一二月の朝日新聞社によるNETの株式取得、七五年三月のABCのNETネットへの変更を広岡がリードしたのは間違いない。しかし、その結果から歴史を遡り、当初から広岡の頭の中に青写真があったかように描くのは、すべてを見通していた指導者が卓越した力で事を成し遂げたという専制国家的な「伝説」のようで腑に落ちない。

なにしろ、「六三年一月の常務会」の段階で、広岡は取締役西部本社代表であり、テレビ・ネットワーク構想という新聞社の電波政策を打ち出す立場になかったのだから。* しかし、テレビ朝日の五十年史もやはり、ＡＢＣ五十年史を参照する形で、朝日新聞社の「六三年一月の常務会」を起点に広岡がＡＢＣへの働きかけを強め、最終的に「腸ねん転解消」に至ったことを追認している。もっとも、テレビ朝日の二十五年史には注目すべき記述がある。当時のＮＥＴで「六三年一月二五日、東京、名古屋、大阪、九州の基幹地区にネットワーク体制を確立することが肝要であるという大川博社長の意向で、社内にネットワーク委員会が組織された」と記されている。朝日新聞社とＮＥＴの動きは、偶然か、呼応したものなのか。いずれかが、もう一方に影響を与えたのか。一連の史実については、朝日新聞社やテレビ朝日、ＡＢＣが今後編さんされるであろう新たな社史で、詳細かつ正確な事実が掘り起こされるのを待ちたい。

＊　広岡は一九六三年当時、朝日新聞社の西部本社代表でＫＢＣの社外取締役でもあったが、この年に六回開かれたＫＢＣ取締役会に出席したのはわずかに二回。議事録を見ても、発言は春闘に関するものだけで、放送事業への関心はうかがえない。

歴史から消えた永井大三

ちなみに、本史の執筆過程で確認できた範囲の資料、証言から、執筆者は現段階で以下のように推測する。

六三年一月にあった朝日新聞社の主要役員による会合で、永井が系列テレビ局による全国ネットワークの形成が急務である旨、強く主張したのではないか。この会合に、社主で社長だった村山が出席していたとは考えにくい。実現可能性はともかく、「テレビの全国ネットワーク化に新聞社としてこれ以上、乗り遅れてはならない」という永井の持論が披露されたように思われる。

永井は東京商大（現・一橋大）卒で二八年、朝日新聞社に入り販売畑を歩いている。戦前は東京での販売店改革、戦中は業界の共同販売のとりまとめ、戦後は各紙の販売競争が激化する中で「増ページ、値上げ」に踏み切って朝日を部数日本一に押し上げた立役者だ。歴史的に記者出身の幹部が脚光を浴びやすい同社において、永井は下村宏（台湾総督府民生長官から入社、のち副社長）、石井光次郎（下村の長官時代の秘書官から入社、のち専務）の系譜に連なる、経営改革を通じて実力を示した「異能の経営者」だった。

戦後、村山が社長に復帰する前の「社長不在」時代（五一～六〇年）、永井は編集局出身の信夫韓一郎専務、笠信太郎取締役論説主幹とのトロイカ体制で朝日新聞社をけん引した。ビジネスは永井頼みであり、とりわけ販売、不動産、電波については永井の判断に任されていたといえる。剛腕だったからこそ、復活した村山に疎まれ、「村山騒動」のきっかけとなった。また、永井は記者出身の幹部からも煙たい存在だったように思われる。騒動が村山社長の辞任で幕を下ろしたのに、永井が復権しなかったは、その突出した実力ゆえかもしれない。

テレビ・ネットワークに関する永井の持論は、政治家の田中角栄とも、ＮＥＴの大川社長ともある意味、共有されていたのではないか。田中角栄は郵政相として第一次チャンネルプランで民放テレビ三十四局の大量免許を出したが、結果として出来たネットワークの「ねじれ」を気にしていた。東映社長でもあった大川は、テレビの急成長とともに、その流れに乗り切れないNETの制約、教育局の足かせと全国ネットワーク構築の遅れを何とか打破したいと考えていた。

六三年の初頭、朝日新聞社とNETでそれぞれ、テレビの全国ネットワーク化に向けた「構想」が動き出した。しかし、その実践の段になって、永井も大川も舞台を去る。

永井は「村山騒動」で同年末に新聞社から身を引き、大川は翌年一〇月のNET－KBC全面ネット化を見届けながらも、一一月にはNET社長を辞任した。東映社長に専念するためとされたが、「水面下では大川社長と赤尾好夫会長（旺文社社長）の間の不協和音があったともいわれる」とテレビ朝日二十五年史は記している。東映と東急電鉄の資本関係の決別が先にあり、映画事業のテコ入れと事業多角化による東映の経営立て直しは急務だった。しかし、NETの路線を巡って、「娯楽」の大川と「教育」の赤尾で主導権争いがあったとの見方は根強い（中川　二〇二三）。

田中角栄の「反省」と仕上げ

テレビ・ネットワーク構想の具体化は、朝日新聞社の広岡が軸になり、首相になった田中角栄と、NETでは大川から数えて三代後で初めての朝日新聞社出身の社長、横田武夫が担うことになる。

田中角栄は郵政相の後、蔵相、通産相をへて首相（七二〜七四年）に上り詰めるが、第一次チャンネルプランでのテレビ大量免許について、「これが成功してテレビの隆盛を迎えたのだが、一つ見落としたことがある。それはテレビのネットワークの重要性に気がつかなかったことだ。そのためにみっともない系列が出来てしまった。つまりねじれ現象だ。なんとかいろいろ整理しようとしたが駄目だった。私は、これはどうしても新聞系列で整理するしか方法がないという結論に達した」との認識を持っていたという（朝日放送編 二〇〇〇）。

七三年一一月、NETは「教育局」から総合番組（一般）局に免許を切り替えた。翌一二月、朝日、毎日、読売の全国紙三社の間で、所有するテレビ局株式の譲渡、交換が行われ、産経、日経を含む全国紙五社と東京キー局五社との間で、現在に続く一対一の対応が確立した。いずれも、田中内閣の時である。これらを受け、不可能とさえ言われていたABCのNETネットへの変更も七五年三月三一日に実現している。

これよりずっとさかのぼり、六四年一一月に大川がNET社長を退く際、東映はほぼ半分を所有していたNET株九十八万株のうち、五十万株を朝日新聞社に譲渡している。朝日はそれまで、TBSや日本テレビのマイナーな株主だったが、NETとの直接の資本関係はなかった。この時の株式が、朝日新聞社とテレビ朝日の現在の関係の基礎となっている。

なお、朝日新聞社はその二か月後、取得したNET株のうち十万株をKBCに譲渡している。これは、ＫＢＣとＮＥＴのネット協定が円滑に維持されるよう、その「担保」の意味を込めて、朝日新聞社の広岡がＫＢＣに配慮したものと推測される。また、横田の後のＮＥＴ社長に就いたのは、朝日新聞社の取締役西部本社代表からＫＢＣの社長、会長を歴任した高野信である。

この時に手にした株式がもとになって、ＫＢＣグループホールディングスは現在も、テレビ朝日ホールディングスの株式三百三十三万株（保有比率三％）を持っており、第六位の株主である（筆頭は朝日新聞社で二四％）。ローカル局が東京キー局の上位株主であるのは極めてまれだが、そのきっかけはここにある。

田中角栄が仕上げたのは、テレビ局のすっきりした全国ネットワーク化であり、それが全国紙五紙の利害と一致したともいえる。また、五系列のうち後発の東京12チャンネル（現在のテレビ東京）－日経新聞の系列を除き、四系列を全国津々浦々まで普及させるという田中の基本的な考え方は、その後のＵＨＦテレビ局の大量免許と地上波のデジタル化で概ね完成したといえる。

それは、「日本列島改造論」で田中がぶち上げた、新幹線と高速道路で全国を結び、どの地方の人間でも都会と同じような暮らしが出来るようにするとの熱い思いが、テレビでも実を結んだといえなくもない。ただそれは、東京への一極集中を加速させた。人口減と高齢化に直面する地方で、民放ローカル局がどう生き延びるのかという切実な課題を二一世紀に残したのは間違いないだろう。

第Ⅱ部　時代の鏡としてのメディア

第六章　活路は足もとにあり

博多祇園山笠振興会とKBCが連名で，櫛田神社に毎年奉納する飾り山笠

二一世紀の今となっては、ＫＢＣが久留米で創業したことを知る人は福岡県民でも限られている。それだけ、福岡市を本拠とするテレビ・ラジオ兼営局として定着しているからだろう。しかし、「地元放送局」としての認知は、もちろん一朝一夕に出来たわけではない。福岡エリアではラジオ、テレビともにラジオ九州（現・ＲＫＢ毎日）に数年遅れで二番手の開局だっただけに、追いつき追い越すには地元密着と差別化が必要だった。昭和三〇年代から四〇年代にかけての日本経済の高度成長期にあって、ＫＢＣテレビはユニークかつ息の長い番組作りで、独自のローカル局イメージを作り上げていった。そして、元号が昭和から平成に変わるころには、地域情報ワイド番組で朝の、若者向け生番組で深夜の時間帯を切り開いていった。

まず地元を盛り上げてこそ

ＫＢＣの先を行くＲＫＢは、毎日新聞社が軸となって九州電力など福岡の地元経済界の全面的な協力を得てスタートした地域の一番局で、有力広告主を抱えてラジオ開局初年度から黒字経営だった。対する二番手のＫＢＣは久留米から本社を引っ越し、福岡エリアでテレビに進出して、創業九年目にしてようやく黒字化した「遅咲き」である。

強力で余裕のライバルに立ち向かうには、まず、福岡市での認知度を高めるしかない。地元密着の取り組みに、一九五九（昭和三四）年のテレビ開局直後からチャレンジした。

手始めは、地元の知名人を巻き込んだ素人歌舞伎「福岡名士劇」のプロデュースだった。テレビ開局に合わせて発足した企画室の初代室長、溝口勇夫（のち専務）が「東京の文士劇、京都の素人顔見世の向こうを張って、芸どころ博多では名士劇でどうか、との声に」動いた。ちょうど幸い、歌舞伎役者の嵐三五郎*が家族と縁のあった福岡市に拠点を移しており、演技指導をしてくれることになった。

とんとん拍子に話は進んで同年末の一二月二七日、当時の福岡で唯一の芝居小屋、大博劇場**で第一回福岡名士劇は幕を上げた。歳末助け合い運動の一環と位置付けられ、主催は福岡県共同募金会、座元がKBCとして開かれた。入場料はA席三〇〇円、B席二〇〇円で、石井光次郎が題字を揮毫した番付（プログラム）も売られた。さて、その出し物と主な配役は——

「伽羅先代萩　床下」
　仁木弾正（中牟田喜平・岩田屋会長）
　荒獅子男之助（奥村茂敏・福岡市長）

「仮名手本忠臣蔵　三段目　松の間」
　塩冶判官（鵜崎多一・福岡県知事）

「同　五段目　山崎街道」
　斧定九郎（池見茂隆・福岡商工会議所専務理事）

「同　七段目　一力茶屋」
　大星由良之助（弘中伝二・西日本新聞社社長）
　寺岡平右衛門（村井順・九州管区警察局長）

「両国橋師走雪空」
　同心（小島与一・博多人形作家）

「白波五人男」

日本駄右衛門（東令三郎・西日本相互銀行社長）

南郷力丸（團伊能・KBC社長）

なかなかの見せ場づくしに、地元の政官財オールスターキャストが勢ぞろいした。テレビ開局から九か月で、RKBのお株だった地元経済界に早くもくさびを打った。劇場は満員札止め。利益金四四万五五五〇円は数字が並びすぎているが、約束通りチャリティーとして寄付された。満面笑顔の座元KBCの團社長から、かしこまった県共同募金会の山脇正次会長（RKB社長）に目録が手渡されている。山脇の心中は「してやられた」というところか。KBCが県都・福岡を中心とした福岡県全体に存在感を示す、象徴的なイベントとなった。

KBC座元の「福岡名士劇」はこの後、歳末の風物詩となった。大博劇場が閉まった後は福岡市民会館が会場に。指導の嵐三五郎が亡くなった翌年、八四年の最終公演まで二十五回続いた。

実は、「名士劇はどうか」と溝口に水を向けたのは、社長の團伊能だった。團は戦前の三井財閥総帥である琢磨を父に持ち、東大で助教授として美術史を講じ、戦後は参議院議員も務めた。子の伊玖磨は作曲家、エッセイストとして知られたが、伊能もなかなかの「通人」で、第一回公演の一幕もの「両国橋師走雪空」は彼自身の書下ろし新作だった。

企画室長の溝口は戦前の築地小劇場で演出部におり、戦後は團が参院議員時代に地元秘書を務めた縁で、五七年にＫＢＣ入りしていた。溝口の実家は福岡市内に戦前からある病院で、父は県医師会長、母は県婦人会長を務めた。地元のネットワークを最大限に活用して、名士劇を一気にプロデュースした。

とはいえ、名士劇のテレビ録画中継は、開局直後のＫＢＣにとって綱渡りだった。録画用のＶＴＲ（ビデオ・テープ・レコーダー）は高額で一台しかなく、テープは最大一時間で四本まで。演出の三五郎師匠には、芝居をテープに合わせて削り込むよう依頼した。一方で、局スタッフには収録の段取りを習熟させる必要があった。多忙な名士の演者が、一堂に集まって通し稽古をすることは出来ない。そこで、筑後地方の旅回り劇団「三河屋桃太郎一座」にお願いし、無人の大博劇場の舞台に立ってもらい、テレビ中継の「稽古台」になってもらった。この中継のディレクターがその後、溝口と組んで数々の地域企画を打ち出す梅津昭夫だった。

なお、福岡名士劇が大成功となったのに触発されてか、関門エリアで開局したテレビ西日本も座元として六一年から「北九州名士劇」を始めている。演技指導はやはり嵐三五郎だが、こちらは第十回公演で幕を下ろしている。

＊　歌舞伎俳優の嵐三五郎（一九〇一〜八三）は七代目沢村訥子の門人。戦前に劇団紺青座、新国民座などを主宰し、一九五一年に嵐三五郎を七代目として襲名。屋号は吾妻屋。後年は福岡在住。

＊＊　大博劇場はかつて、「芸どころ博多」を代表する芝居小屋で、一九二〇（大正九）年から戦後の一九七二（昭和四七）年まで、現在の博多区上呉服町にあった。柿落しの歌舞伎興行には中村扇雀（のちの二代目鴈治郎）が座頭をつとめている。大阪と博多の出資者（大阪方は松竹）による合資だったので「大博」と名付けられたが、地元では「大博多」の意味と受けとる者が多かったという。博多駅前から博多区内を縦断する大通りは一九六九年に「大博通り」と命名されている。

山笠中継は開局翌年から一貫して

名士劇の成功で、「地元を盛り上げること」で「ＫＢＣの存在感が増す」ことに気づいた溝口‐梅津コンビが次に手がけたのが、博多祇園山笠のテレビ中継だった。

今や、言わずと知れた日本を代表する祭礼の一つで、二〇一六（平成二八）年にはユネスコ世界遺産にも登録されている。博多の総鎮守、櫛田神社に奉納される博多祇園山笠は七百八十年を超える伝統を誇るが、昭和三〇年代半ばまでは知る人ぞ知る「博多の祭り」だった。年中行事としては、ゴールデンウィークで人出の多い「博多どんたく」が全国的知名度も高く、先行局のＲＫＢはこちらに力を入れていた。

地元の伝統ある祭りの素晴らしさをもっと多くの人に知ってもらおうと、櫛田神社、博多祇園山笠振興会のみなさんと知恵を出し、汗を流したのが溝口と梅津だった。「動」のイメージが強い山笠に、黒田藩ゆかりの茶道南坊流や華道といった「静」の催しを組み合わせて対比を際立たせたり、豊臣秀吉の故事に習った「男野点」を再現したりするなど、今に続く関連行事を提案し続けた。

博多祇園山笠のクライマックスは、毎年七月一五日早朝に行われる「追い山笠」である。ＫＢＣはテレビ開局の翌年一九六〇年に、史上初めての「追い山笠」テレビ中継に取り組んだ。四十五分の中継録画番組だったが、同日午後にＫＢＣ発でＮＥＴ（東京）、ＭＢＳ（大阪）にネットした。六二年からは「走れ！山笠」のタイトルで生中継を始め、六九年にはカラーでの生中継をスタートさせた。また、ＫＢＣにとってカラー制作番組の第一号もやはり三十分のドキュメンタリー「博多山笠」で、一連の行事を丁寧にフィルムに収め、六七年七月に放送している。

「追い山笠」のテレビ中継を、ＫＢＣは六〇年から一貫して、欠かすことなく続けている。ＮＨＫや民放他社もその後、テレビ中継を始めたが、櫛田神社と博多祇園山笠振興会とのご縁で、現場中継を仕切るテレビ局側の幹事役を変わらず仰せつかっている。「博多祇園山笠といえばＫＢＣ」という放送局イメージは時間をかけて醸成された。

「お櫛田さん」と親しまれ、市民や観光客でにぎわう神社の境内には、一年を通じて見ることが出来る「飾り山笠」が立てられている。これは博多祇園山笠振興会（武田忠也会長）とＫＢＣが連名で毎年、櫛田神社（阿部憲之介宮司）に奉納し続けているものだ。

七月一五日午前四時五九分、暁が広がる神社の境内に一番山笠が勢いよく駆け込む「櫛田入り」。

晴れやかに「祝いめでた」の歌を奉納する能舞台正面に向かって右が、ＫＢＣ中継陣の定席だ。六十余年に渡るテレビ中継で、この席に座ったゲストは、岡本太郎、月の家円鏡、イーデス・ハンソン、筑紫哲也、タモリ、石川さゆり、黒木瞳、指原莉乃、今田美桜と枚挙にいとまがない。

視聴者参加の公開番組で勝負

テレビ放送が軌道に乗り、経営も安定したことで、自社制作番組にも新たな動きが出て来たのが昭和四〇年代だ。フルネットになったＮＥＴがまだ「教育局」（一般局化は七三年）で、娯楽番組の制作が必ずしも十全でなかったことも背景にある。

毎週土曜日の午後七時から三十分間というゴールデンタイムに、視聴者参加の公開番組「トニーど素人てんぐショー」が六六（昭和四一）年九月二一日にスタートした。ラジオとテレビのそれぞれ開局当日に出演し、ＫＢＣと縁のあるコメディアンのトニー谷が司会を務めた。視聴者が歌から話芸、ダンス、ものまねまで、ジャンルを問わずに素人芸を披露して「名人」を目指すバラエティー番組だ。審査員にはこれまたＫＢＣと縁の深い平尾昌晃や博多にわか師の平田汲月が就いて、会場を盛り上げた。初回の公開収録は福岡市の明治生命ホール（現・明治安田生命ホール）で行われたが、五百席に立ち見まで出る超満員となった。

番組のチーフディレクターは江頭淳。入社二年目の六三年に、当時の若手映画監督の大島渚と組んでテレビドラマ「叫び」を初演出し、翌年には二作目の「幾星霜」（主演・加藤嘉）で芸術祭奨励賞を受賞している。その江頭が「視聴者参加の公開番組、ゴールデンタイム放送、視聴率二〇％獲得」の課題を背負わされ、挑戦したのが「てんぐショー」だった。江頭は五十年史で当時をこう振り返っている。

「東京の局でディレクター仲間と話し合うと、決まって『一けた』『二けた』という言葉が飛び出す。東京と九州という地理的な距離だけでなく、ある種の隔絶感を実感していた。私たちローカル局のディレクターは視聴率とは無縁に近い存在であり、戦列から遠く離れてたむろしているということなのか。（この番組で）私たちスタッフは視聴率攻防戦の真っただ中に立った」

初回の視聴率は二六・〇％で、その後も三〇％を超す回が出るなど、当時の九州地区の民放自社制作番組で最高の視聴率を記録した。三年間、計百七十三回に出演した参加者は千七百人を超え、六九年一二月二七日放送の最終回も、視聴率は二五・三％だった。

番組終了後も視聴者参加番組を望む声は強く、三か月後の七〇年四月四日には自社制作では初のカラー娯楽番組として「マキシンの東芝ハレハレ５５」が始まっている。司会にウクレレ漫談の牧伸二、レギュラー審査員に歌手の仲宗根美樹を起用し、素人名人が五週連続勝ち抜き、最高賞金一二万五〇〇〇円を目指して熱演を繰り広げた。この番組は五年間続いた。

若者に的を絞ったテレビ公開番組「パンチヤングＦＵＫＵＯＫＡ」も同年五月三〇日にスタートしている。毎週土曜日の午後五時から四十分間の生番組で、本社スタジオに数十人の若者を迎え、トーク、クイズ、ゲームに歌や踊りでワイワイガヤガヤと盛り上がる「若者による若者のための番組」を目指した。ボウリング場や海水浴場からの中継も入った。司会は歌手の長沢純、レギュラー出演のアマチュアバンドはオーディションで西南学院大の「チューリップ」が選ばれた。メンバーは財津和夫、末広信幸、吉田彰の三人で、チューリップと財津和夫はその後、日本の音楽シーンで大きく飛躍することになる。また、甲斐よしひろ率いる甲斐バンドもゲスト出演したと記録にある。この番組は七一年度の民放連盟賞テレビ娯楽番組部門で銀賞を受賞している。

朝の情報ワイドに乗り出す

ＫＢＣテレビがネット変更でＮＥＴフルネット化した六四年一〇月当時、自社制作比率は一四％だった。以後、この数字は一〇％台前半の枠の中にあったが、元号が昭和から平成に変わる前後に動きを見せる。

まずは、朝の地域情報番組が平日ベルトで新設された。八六（昭和六一）年四月七日スタートした「モーニング・モーニング」である。毎週月曜から金曜、七時一五分から八時二五分までの生ワイドだ。

民放テレビでは、毎朝の通勤・通学前の情報ワイド番組は、東京キー局発の全国ネットが定番となっている。六六年に始まったTBS系の「ヤング720（セブンツーオー）」を嚆矢に、日本テレビ系の「ズームイン‼朝！」（七九〜二〇〇一年）やフジテレビ系「めざましテレビ」（九四年〜）が開拓してきた時間帯だ。ただし、テレビ朝日系列では七五年春に大阪のネット局がMBSからABCに全面変更された後、ABCが独自に関西地区の情報番組「おはよう朝日です」を七九年四月から制作。これが好評だったことを受けて、KBCでも平日朝の情報生ワイド番組を自社制作する機運が高まった。福岡の民放他社がすべて東京キー局発の番組を受けている時間帯に、地元で支持される情報番組を作り上げる。その使命を受けたのが、制作部長を任された江頭淳と番組統括デスクに就いた報道部出身の細川健彦だった。

この「モーニング・モーニング」が、現在の「アサデス。KBC」へと連なるKBC朝の顔の幕開けだった。ただ、番組のコンセプトはかなり異なり、相当にユニークだ。「普通の人々の生活に徹底すること」を制作の基本スタンスにした。それは、テレビ番組の常識とされてきた意外性、特異性、非現実性の裏返しでもあった。

例えば、「一丁目一番地」のコーナーでは、普通の街角を五日間、定点観測した。「いってきます」では、とある家庭の朝の支度を淡々と映し出す。「おとうさんの会社」では、お父さんの会社に行ってその仕事をじっとウォッチングする。「朝を走る」では、番組のテーマソングに合わせて最新の文字ニュースを流す。バックの映像は取材の行き帰りに撮影した道路風景といった具合だ。

視聴者から強い支持を受け、八六年度の放送文化基金賞を受賞している。「地方局にあって市民の中に情報を求め、家族、人間、愛を理念とした朝の情報番組を構成、市民の高い評価を得た」ことが評価された。視聴率でも同時間帯で先行していたＦＢＳ（日本テレビ系）の「ズームイン!!朝！」を抜くまでに。八八年四月第一週の平均視聴率は、「モーニング」九・四％に対し、「ズーム」が八・四％となった。

番組テーマソングの「愛の中から」は、当時まだ無名だった徳永英明に江頭が依頼した。初代のＭＣは、後庵継丸アナウンサーと二十歳だった地元劇団テアトル・ハカタの徳永玲子が就いた。「モーニング・モーニング」は、朝の地元情報はＫＢＣでという習慣を視聴者に強く根付かせた。九八年に「朝はポレポレ」に衣替えした後、世紀が変わった二〇〇一（平成一三）年四月からは「アサデス。ＫＢＣ」へと引き継がれた。

ＫＢＣを代表する番組である「アサデス。ＫＢＣ」は放送時間を順次拡大し、平日朝の六時から八時までの二時間生ワイドとなった。二人制のＭＣは、徳永玲子がＫＢＣの朝の顔として存在感を示し続け、もう一人は近藤鉄太郎、高島宗一郎（現・福岡市長）、宮本啓丞の各アナウンサーがバトンをつないでいる。気象予報士の佐藤栄作が伝える天気予報は、福岡市、北九州市、久留米市、佐賀市ときめ細かく、七時またぎの「スポーツキラリ」のコーナーではホークス応援隊長の西田たかのりが勝っても負けてもホークス一辺倒のスポーツニュースを伝える。ともに、番組開始から一貫しての出演である。

「アサデス。ＫＢＣ」は、会社の名を冠した番組であり、文字通りＫＢＣの代名詞だ。視聴率はＮＨＫを含めて同時間帯トップを維持し続けている。特に、災害時には全国的に圧倒的な強さを見せるＮＨＫ「おはよう日本」に対して、福岡に限っては台風や豪雨、地震の時でも「アサデス。ＫＢＣ」の視聴率が上回ることが、ＫＢＣ社員の誇りでもある。

深夜を自由に切り開く

自社制作の朝番組が花開いたのを受け、ＫＢＣが次に挑戦したのが深夜の時間帯だった。目指すは若者向け情報生ワイド番組。「モーニング・モーニング」の現場で鍛えられた半田俊彦（のち専務）がプロデューサーに抜擢され、清水透（のち取締役）がチーフディレクターに指名された。「若者のムーブメントを起こし、町を動かし、若者文化を創造したい」と意気込む半田に、与えられた準備期間は二か月だった。時は昭和天皇が崩御し、元号が平成となった八九（平成元）年、バブル景気の真っただ中でもあった。月曜から木曜の深夜〇時二五分から五十五分間の番組「ドォーモ」は一〇月三〇日にスタートした。

聞きなれない番組名は、イタリアを旅した清水が、「大聖堂」を意味するイタリア語で日本人のあいさつにも通じる響きの良い語感から名付けた。フレッシュな人材をということで、キャスターにフリーの川上鴻一郎、コメンテーターにイベントプロデューサーの深町健二郎、アシスタントにファッション専門学校生の村仲ともみを起用した。

番組は「今日のカポジロ（イタリア語でめまいの意味）」と題して特集コーナーを組み、「やけぼっくいに火をつけろ」では若い男女の出会いと別れをリポートした。番組開始から半年でブレークし、視聴率は深夜帯にもかかわらず、目標三％の倍の六％を超えた。毎日新聞の西部本社版が「ドォーモ現象」という新造語で特集記事を掲載するなど、ブームを巻き起こした。インターネットがまだなかったこの時代に、若者は深夜のテレビに熱い視線を送った。

福岡市の繁華街・天神で、普通の公園だった警固公園が若者の聖地と化していった。番組でカップルの取材場所として有名になったからだった。半田が目指したように「町が動いた」。翌年には、視聴率が驚異の一〇％を超える日が出てきて、月刊誌「ドォーモ本」もメディアミックスで刊行された。

また、「ドォーモ」では女性リポーターだった山本かよ（現・山本カヨ）の妊娠、出産の過程を、九三年から翌年にかけて約半年間、八回シリーズで紹介する「山本かよの妊娠日記」を放送した。出産場面の取り扱いや視聴者の受け止め方を懸念する声も社内にはあったが、番組は高い評価を受け、再構成した「山本かよの妊娠日記スペシャル」（七十分番組）は民放連盟賞のテレビ娯楽部門で最優秀賞を受賞した。「ドォーモ」はその後もキャスティングを代えながら、ＫＢＣ深夜の長寿番組として三十年間に渡って親しまれた。

自社制作率ついに二〇％を超える

ＫＢＣテレビの自社制作比率は長く一五％未満だったが、朝の情報ワイド、深夜の若者向けワイドに加え、地域の歴史を掘り起こす「九州街道ものがたり」などで九〇年四月には一六％となり、同年一〇月の番組改編では、二〇・二％と大台を超えた。以来、地域密着の番組を順次、充実させて来た結果、二〇二〇年代に入った現在も二三〜二四％の自社制作比率を保っている。東京、大阪、名古屋の広域局を除き、ローカル局では首位を争う水準にある。ただし、自社制作番組には当然、手間と時間、コストがかさむ。このため、ローカル局では自社制作比率と営業利益が反比例する関係にあり、自社制作比率が軒並み一〇％台後半の在福局にあって、ＫＢＣは利益では最下位にある。

第七章　スポーツは地域のカナメ

1958年，西鉄ライオンズの日本シリーズ三連覇を祝うパレード

メディアとスポーツは切っても切れない関係にある。戦前の大学野球が「早慶戦」で盛り上がったのは日本放送協会のラジオで中継されたことが大きい。球児が白球を追う「夏の甲子園」*は新聞社の肝いりで始まったが、今や国民的行事となり、地区予選はＮＨＫと多くの民放ローカル局がテレビ中継を手がけている。何より戦後にテレビが急速に普及したのは、日本テレビが力道山のプロレスと巨人軍のプロ野球で全国の人々を熱狂させたからにほかならない。ＫＢＣは前身の西日本放送を含め、地元福岡のプロ野球球団の盛衰に影響を受けて来た因縁がある。五輪やワールドカップとなると「国民的一体感」の契機となるスポーツだが、日常はプロ野球やサッカーで地元球団を応援して「地元愛」が育まれる。一九九三（平成五）年のサッカーＪリーグの開幕は、地域とスポーツの結びつきをさらに強めた。ＫＢＣではプロ野球はもちろん、今や福岡の風物詩ともなった盛夏のＫＢＣオーガスタゴルフトーナメント、初冬の福岡国際マラソンなど、世界に通じるスポーツ大会も息長く発信し続けている。

＊　朝日新聞社と日本高等学校野球連盟（高野連）が主催する全国高等学校野球選手権大会で、前身の全国中等学校優勝野球大会は一九一五年に豊中球場で第一回が開かれた。会場が甲子園球場に移ったのは一九二四年から。戦後の学制改革に伴い、一九四八年から現在の形となった。

スポーツ中継はこう始まった

ＫＢＣラジオが五四（昭和二九）年元日に正式開局して、一番初めのスポーツ中継は大相撲だった。兄貴分のＡＢＣを頼って大阪と久留米の間に専用の電話回線が敷かれ、それに乗せて三月六日初日の春（大阪）場所中継を受け、放送した。初のプロ野球中継もやはりＡＢＣから実況を送ってもらった四月一八日の甲子園での阪神対巨人戦だった。

自社制作で初のプロ野球中継は五月六日、福岡・平和台球場からの西鉄ライオンズ対毎日オリオンズ戦。経費節約で久留米の本社と球場を結んだのは中継線一本だけで、打ち合わせ用の回線はなし。実況アナは随時、ラジオに耳をあてて放送をモニターしながら、手探りで中継した。

プロ野球中継といっても、ＫＢＣにとってそれは当時唯一の地元球団西鉄ライオンズの試合中継と同義だったが、本社を福岡市に移転した翌年、五七年のシーズンから本格化した。とはいえ、当時は開幕戦やゴールデンウィークの「どんたくシリーズ」、八月の「お盆シリーズ」といった特別な試合だけが実況生中継だった。多くの試合では、球場からナマの実況を素材の形で本社に送り、試合の山場をピックアップして終了直後に十分間のハイライトとして放送した。

ＫＢＣの野球解説者第一号は、この年に就任した簑原宏。地元の筑紫中（現・筑紫丘高）出身でノンプロの志免鉱業を経て四九年に南海ホークスに入った。鶴岡一人監督時代に代打の切り札として活躍し、東映フライヤーズを最後に五六年に引退して帰郷。少年野球の指導をしながら、解説者を務めた。第二号は五八年からの永利勇吉で、ノンプロの別府星野組から五〇年西日本パイレーツに入団した強肩強打の捕手。合併した西鉄ライオンズでも中心打者だったが、引退してKBC解説者となった。

KBCでは五九年のシーズン開始直前にテレビが開局し、西鉄ライオンズの野球中継もラジオとの二刀流となる。ただし、KBCテレビで初のスポーツ中継番組はプロ野球ではなく、なぜかラグビーだった。開局七日目に、八幡製鉄対カナダ代表戦を生放送している。五市合併で北九州市となる直前の、八幡市鞘ヶ谷グラウンドにテレビ中継車が初出動した。

この時点でKBCのテレビ免許は「福岡」エリアだけで、八幡市を含む「関門」エリアに放送は届いていない。これも不思議だが、「関門」で先行するRKBテレビとテレビ西日本に一泡ふかせる狙いがあったのか。

プロ野球は三月一四日に平和台球場で行われた西鉄対巨人のオープン戦がテレビ初中継となった。試合に先立って、朝日新聞社のヘリコプター「はるかぜ」が投下したボールで團社長が始球式を行うなど、KBCのテレビ開局記念行事的な仕立てだった。

五九年のシーズン当時、KBCテレビはフジテレビとNETのクロスネットだったので、火曜と木曜がフジ系のナイター、日曜の薄暮（当時多かったダブルヘッダーの第一試合）がNET系だった。まだセ・リーグの巨人戦一辺倒ではなく、フジ系ではセ・パ両リーグの複数のカードから、ローカル局の希望で選択できるようになっていた。KBCにとっては、西鉄がビジター試合でも手軽にネット出来るメリットがあった。

テレビ開局から五年目の六三年、中西太監督率いる西鉄が五年ぶり、五度目のパ・リーグ優勝を果たした。平和台球場での近鉄との最終四連戦（土日ともにダブルヘッダー）で全勝すれば優勝というしびれる展開となったが、ＫＢＣは日曜の第一試合を全国に向け中継した。六日後の巨人との日本シリーズも、平和台球場で開幕だった。西鉄球団は地元の民放テレビとＮＨＫを合わせ四局に対し、「差別できない」とすべてに放送権を認めた。

ＫＢＣ制作の試合中継をクロスネットのどちらに送るのか。フジかＮＥＴかで最後までもめたが、結局フジ系になった。フジが手配した南海の鶴岡一人監督がＫＢＣ解説席に着いたが、ＮＥＴが用意した東映の水原茂監督の出番がなくなり、あわててラジオのゲストに回ってもらうなど、てんやわんやだった。地元のテレビ四局で中継を競う形になったが、ＫＢＣは午後一時プレーボールの一時間前から放送を始め、機先を制している。

野球中継にもネットワーク変更の影

翌六四年一〇月のネットワーク変更は、ＫＢＣテレビのプロ野球番組編成にも大きな影を落とした。週二日のナイター枠でカード選択自由だったフジ系は、ライバルのテレビ西日本に移った。かといって、それまでテレビ西日本が放送していた日本テレビからの巨人戦をＫＢＣが受けるわけにはいかない。NETとフルネットになったKBCにとって、頼みは日曜薄暮（ダブルヘッダーの第一試合）の西鉄ゲームだけだったが、そこに思わぬ横波が来た。

六六年のシーズンから週末のダブルヘッダーが減ることになり、NETは毎週金曜に「パ・リーグ金曜ナイター」枠を新設することにした。NET大株主の東映はフライヤーズの親会社でもあった。NETはパ・リーグ六球団を一括して放送権の交渉にあたった。しかし、放送権料をめぐって五球団とは合意に達したものの、西鉄とは決裂。そのあおりで、KBCが西鉄と独自に交渉していたラジオの放送権交渉も難航し、開幕前日までに決着せず、開幕カードからラジオ中継も出来ないという異例の事態に陥った。しかし、初日が雨で流れる中、粘り強く続けられたラジオ中継の交渉は妥結。翌日に順延された開幕戦からラジオ放送することが出来て、事なきを得た。

もっとも、テレビの金曜ナイターでは西鉄抜きが続き、シーズン終盤で首位争いの大一番となった九月九日の地元平和台での西鉄対南海戦も中継できず、下位同士の近鉄対東映戦を放送したことに福岡の西鉄ファンは激怒。KBCへの抗議の電話が鳴りやまなかった。スポーツ番組の編成は、ファンの思いとシンクロすると相乗効果を発揮して驚くような支持を集めるが、逆もまたしかりだ。

地元球団の浮き沈みと消滅

前年に懲りて、六七年のシーズンからはKBCが西鉄と直接交渉する形で金曜のナイター三試合の放送を復活。以後、西鉄がライオンズから手を引く七二年のシーズンまで同様の契約が続いた。この間、ライオンズでは「八百長事件」が発覚し、パ・リーグも厳しい時代に直面した。セ・リーグが巨人のV9（六五〜七三年の日本シリーズ九連覇）で人気を集める一方、パの観客動員はセの半分にも届かない。「その差が開いたのも、セ・リーグの試合ばかりがテレビ放映されていたのが大きい。テレビは、映画を衰退させただけでなく、パ・リーグも衰退させたのである」（中川　二〇二二）との指摘は、東京キー局を見る限り正しい。

KBCがライオンズのラジオ・テレビ放送権で契約書を交わしてきた相手は、七三年のシーズンを機に、「西鉄野球株式会社」から「福岡野球株式会社（坂井保之社長）」に変わった。ただし、契約書を見る限り、ラジオの全てのホーム試合、テレビで三試合の放送権料に変わりはない。

この年のシーズンから、ライオンズは「太平洋クラブライオンズ」となった。ゴルフ場経営の太平洋クラブが親会社となったと思っている人が多いが、親会社は岸信介元首相の秘書を長く務めた中村長芳（ロッテの前オーナー）が立ち上げた「福岡野球」であり、太平洋クラブはあくまでネーミングライツを買ったスポンサーだった。同じシーズンから、フライヤーズの親会社は東映から不動産会社の日拓ホームに代わっている。さらに、日拓は一年で日本ハムへ譲渡し、現在の北海道日本ハムファイターズまで続く。

KBCもこのシーズンから新しい動きを見せた。「太平洋クラブライオンズ」となったチームのビジターゲーム二試合のラジオ放送権を、対戦相手で主催の近鉄との間で契約した。二試合ともに近鉄が本拠の大阪ではなく、鳥取市と岡山県津山市の球場で開催されたもので、実況放送のスタッフを福岡から派遣して放送した。ＫＢＣラジオはニッポン放送と文化放送を幹事とするＮＲＮネットワークに属し、ビジターゲームは開催地のネット加盟局が制作するのを受ける形が基本だが、地域によってはどうしても漏れが出る。それに配慮して、新生ライオンズを出来る限り追って行こうとしたものだった。ライオンズの観客動員数はこの年、八十七万人と前年の三十二万人から大きく盛り返した。

地元ファンの根強い人気を保っていたライオンズだが、チームが優勝から遠ざかるに連れて、球団経営は悪化していった。ネーミングライツのスポンサーは七七年にクラウンガスライターに代わって「クラウンライターライオンズ」となったが長続きせず、累損を抱えた福岡野球は七八年一〇月、球団を西武グループの国土計画に売却することを決めた。ホームは埼玉県所沢市に移転することになった。これにより、「福岡のライオンズ」は消えてなくなり、ＫＢＣも放送すべき地元プロ野球球団を失った。

翌年の七九年六月に、ずっと応援して来た地元球団に去られたファンの思いを、ＫＢＣラジオは特番「ラジオプレイ　ああ！平和台」で歌にしている。森進一の「港町ブルース」の替え歌だ。

背伸びしてみる所沢　今日も西武が負けている

あなたが取った選手かえして
クラウン、西武、西鉄ライオンズ

ちなみに、「あなたが取った」選手とは、七七年秋のドラフト会議でクラウンライターライオンズの指名を拒否し、その一年後の「空白の一日」を利用して巨人に入団した江川卓投手のことを指している。

ＫＢＣは地元球団がない間、ラジオではセ・リーグの巨人戦とパ・リーグの西武戦を組み合わせて放送しつつ、福岡への配慮からパ・リーグの球団が平和台で行った試合はすべて中継した。一方でテレビ放送は、大阪のＡＢＣが中継する甲子園の阪神戦などセ・リーグに限られた。

ホークスがやって来た

地元野球ファンの心にぽっかりと穴が開いた状況は十年間続いたが、八八年秋に南海電鉄がダイエーにホークス球団を譲渡し、福岡移転が決まって劇的に変わった。地元の球団誘致運動はその数年前から青年会議所（ＪＣ）メンバーを中心に活発化し、水面下ではロッテも交えて様々な動きがあったが、最終的にホークスの福岡移転で実を結んだ。ダイエー社長の中内功は開口一番、「球団名は福岡ダイエーホークス、将来はドーム球場を建てたい」と意欲を語った。

ちなみに、この年のパ・リーグはプロ野球史に残る激動のシーズンだった。終盤を迎えて、南海ホークスがダイエーに、阪急ブレーブスがオリックスに身売りすることを発表。一方で、優勝争いは最終のロッテ対近鉄三連戦までもつれた。一〇月一九日夜のダブルヘッダー第二試合、近鉄が三連勝を果たせば優勝、さもなくば決着を待つ西武が逃げ切る展開だった。

日ごろとは打って変わって満員の川崎球場で、午後六時四四分にプレーボール。試合は大阪のABCテレビが生中継で関西地区向けに放送していたが、関東地区のテレビ朝日も随時、通常番組に割込み放送を実施。テレビ朝日系列全体に流れる午後一〇時からの「ニュースステーション」は、番組開始直後から試合中継映像に切り替わった。八回裏の時点で四対四。追いつ追われつの展開は延長十回までもつれたが、結局引き分けで近鉄は優勝を逃した。日本プロ野球史の伝説となった「10・19」は山室寛之著『1988年のパ・リーグ』に詳しいが、この日の「ニュースステーション」の視聴率は関西で四六・四％、関東で三〇・九％、北部九州のKBCテレビも二六・九％という、パ・リーグの中継としては驚異的な数字をたたき出した。

パ・リーグは翌年のシーズンから大きく変わり、福岡はホークスという地元球団を持つ都市に戻った。中内は約束通り、ドーム球場を作った。KBCのラジオとテレビも全面的に、ホークス戦の応援放送に変わった。しかし、親会社の流通大手ダイエーは世紀末には経営危機が表面化し、会社再建の一環で二〇〇四年秋、孫正義社長率いるIT大手ソフトバンクへの球団売却を決めた。〇五年のシーズンから戦う「福岡ソフトバンクホークス」は王貞治監督が続投し、その後も球団会長として戦力充実に力を注ぎ続けた。

二〇二三年までの十九シーズンで、六度のパ・リーグ優勝、七度のクライマックス・シリーズ勝利、七度の日本一を獲得。パ・リーグのみならず、球界屈指の人気と実力を兼ね備えた球団となった。

この間、ＫＢＣラジオはホークス戦のほとんどの試合を放送し、テレビも年間十数試合の中継放送を自社制作している。また、福岡にとどまらず、九州の地元球団であることを目指す球団の動きに呼応し、鹿児島や熊本で系列局が主催する試合の中継に実況アナウンサーなどを派遣、共同制作の形で九州の系列各局に送っている。さらに、球団とＫＢＣグループとの間で、若手社員の出向も二〇一八年から続けている。

プロ野球の構造変化と放送

プロ野球は二一世紀に入るころを節目に、それまでのセ・リーグ偏重、巨人に代表される全国展開から、セ・パの人気拮抗、地元重視の球団運営に大きく様変わりしていった。福岡のホークスはもとより、北海道のファイターズ、東北のイーグルス（二〇〇四年創設）、広島のカープは地元放送局との関係を重視し、シーズンのほとんどのホームゲームを地元向けにローカル局（ＮＨＫを含む）のいずれかがテレビ中継するまでになっている。セ・リーグの巨人戦を各ネットワークが取り合い、地上波テレビで全国ネットする時代はすでに終わった。

福岡ではKBCを始め民放テレビ五局がそれぞれ、年間十数試合のホークス戦ホームゲームを中継しており、NHK福岡放送局のサブチャンネル中継を含め、地元ファンはホームのほとんどの試合を地上波テレビで視聴出来る環境にある。日本テレビ系列の福岡放送も、巨人戦の中継は限定的で、ホークス戦中継で他局と肩を並べている。

もっとも、一〇年代後半から試合中継のインターネット配信も拡充しつつあり、地元テレビ局としても十年一日ではありえない。すでにラジオでは、KBCとRKBが同じホークス戦を競合して放送を続けている現状に、ビジネス的に限界も見えて来た。仙台や広島のように民放（中波）ラジオが一局の地区はともかく、複数あるところでは首都圏でTBSラジオが野球中継から手を引いたように、新たな動きが出て来るかもしれない。一方で、首都圏にホームを持つ千葉ロッテマリーンズや埼玉西武ライオンズなどは地元の独立テレビ局との関係がさらに強まる可能性もある。

Jリーグが開拓した「地域」

全国規模のリーグでありながら、マーケティングは地元を重視するという戦略は、一九九三年に開幕したプロサッカーのJリーグが道筋をつけた。チームが本拠を置き、スタジアムを持つホームタウンを、「クラブが地域社会と一体となって実現する、スポーツが生活に溶け込み、人々が心身の健康と生活の楽しみを享受することができる町」と明確に定義した。ファンが地元クラブを応援するという思いはこの三十年で確実に定着し、その成功モデルは歴史の長いプロ野球のあり方にも影響を与えたといえる。

もちろん、プロ野球が十二球団、全国で十一の都市に限られるのに対し、サッカーはＪ１だけで二十チーム、十八都市。下部のＪ２、Ｊ３を加えれば、全国四十七都道府県中、四十二を網羅するきめ細かさで、地域密着の先を行く。

ＫＢＣテレビは「アサデス。ＫＢＣ」のスポーツコーナーで月曜と木曜に、アビスパ福岡（Ｊ１）、ギラヴァンツ北九州（Ｊ３）、サガン鳥栖（Ｊ１、佐賀県鳥栖市）の試合結果と動向を取り上げている。アビスパの試合は一五年から中継を始め、二一年のＪ１復帰、定着を機に年間でラジオ二試合（ホーム開幕戦と最終戦）、テレビ二試合の生中継を手がけている。

福岡国際マラソンとは縁が続く

福岡に冬の訪れをつげる風物詩となった「福岡国際マラソン」とＫＢＣの縁は深い。

ＮＨＫ大河ドラマの主人公にもなった「マラソンの父」金栗四三の功績を称えようと、朝日新聞社が終戦後の一九四七（昭和二二）年に熊本で創設した「金栗賞朝日マラソン」が発展し、五四年からは「朝日国際マラソン」として各地で開催された。福岡では五一年、五五年、五七年に開催された後、五九年からは開催地として定着し、「福岡国際マラソン」と名を改めて世界を代表するマラソンレースとなった。

ＫＢＣはまずラジオで、五七年大会から手探りで実況の多元中継に取り組んだ。解説は元五輪代表で九電工所属の西田勝雄、ゲスト席には八幡製鉄所属の君原健二が座った。この時はＮＨＫ、ＲＫＢとの三局競合だった。これ以降、ＫＢＣは福岡開催のラジオ中継を続けてきたが、大会のテレビ放送はＮＨＫが確保したままだった。九二年になってようやく、大会主催者にテレビ朝日とＫＢＣが加わり、テレビ放送もテレビ朝日系列に移った。

テレビとラジオの両方で放送を受け持つことになったＫＢＣは、テレビではテレビ朝日を地元局として補佐する形で、ラジオではニッポン放送の協力を得て、アナウンサーや技術陣をフル稼働させて全国ネット発局の責任を果たした。

マラソン競技は各地で開催されるようになった市民マラソンが注目を集める中、エリートランナーによる大会は世界的な高速化が進んで日本選手が伸び悩み、転機を迎えた。福岡国際マラソンは二〇二一（令和三）年の第七十五回大会を最後に「一定の役割を果たした」として幕を下ろした。

しかし、福岡県の服部誠太郎知事が大会復活に向けて強い意欲を示し、日本陸上競技連盟や地元経済界、スポーツ関係者に粘り強く働きかけた。テレビで全国放送できるかが最後の課題となり、服部知事から「地元を代表する１チャンネルが引き受けてくれないと、この話は消える」と迫られたＫＢ

Cが赤字覚悟で応じ、翌二二年一二月に例年通りの日程で、福岡県主催の「福岡国際マラソン2022」として開催された。

この年から、KBCは放送主管としてテレビの番組制作と系列二十四局への発信、CMセールスのすべてに責任を負うことになった。幸いにも、福岡県出身の木下直哉代表率いる木下グループが特別協賛社に就いたことで、KBCの「持ち出し」は回避された。実況はスタート・ゴールの平和台陸上競技場、中継車、沿道取材とも自社アナウンサーで対応し、技術・設備はテレビ朝日、ABCの手厚い協力を得ながらKBCが統括する体制が出来上がった。

住宅、医療・健康、エンタメ事業を束ねる木下代表は、映画の製作・興行で東映の故・岡田剛（祐介）会長と親交が深く、KBCの社外取締役を長く務めた岡田会長を介して、KBC経営陣とも親しくしていた。復活した福岡国際マラソンでKBCが放送主管を引き受けた二二年は、新型コロナ禍が長引き、営業環境も厳しかっただけに、岡田会長が生前に取り持った縁結びがKBCを救い、活躍の場を与えたともいえる。

KBCオーガスタで半世紀

九州以外で全国的に「KBC」の名が知られているとすれば、それは半世紀以上の歴史を持つ男子プロゴルフトーナメント「KBCオーガスタ」が一番の貢献者だろう。第一回大会はKBCの創立二十周年の記念行事として、一九七三（昭和四八）年八月に福岡カンツリー倶楽部和白コース（福岡市東区）で開かれた。以来、場所を芥屋ゴルフ倶楽部（糸島市）に移しながら開催を続け、二〇二三（令和五）年八月には「Ｓａｎｓａｎ ＫＢＣオーガスタ」として五十回記念大会を開いた（二〇年はコロナ禍で中止）。

オーガスタの名称は、米国の「ザ・マスターズ・ゴルフ・トーナメント」の開催地、ジョージア州オーガスタの市名にあやかり、盛夏の八月に行う催しという意味をかけている。

ローカル局が四日間の男子プロトーナメントを主催し、うち土曜と日曜の競技を全国にテレビ中継するのだから、記念行事としても大変に重い。第一回大会の予算案では、表向きはわずかに黒字、実質は収支均衡となっていた。「二十周年という半端な社歴で金をかけるのは愚だ」と難色を示す第六代の高野信社長を、村山作造専務が「今年やらなければ、再びのチャンスはない」と粘りに粘って説得し、実行委員長を引き受けた。

営業面ではブリヂストン・タイヤ、大和ハウス、久光製薬、日立製作所、ニッカウヰスキー、内田洋行の六社が協賛スポンサーに就き、四日間で約八千人のギャラリーを集めたが、収支は結局一五三四万円の赤字だった。それでも、社内一丸で運営にあたって士気を高め、ＫＢＣの名を全国に知らしめたことが評価され、翌年以降も続くことになった。冠スポンサーの特別協賛社は、ダイワ精工、久光製薬、ドーム（アンダーアーマー日本代理店）が順次就いた。

実は、権藤満社長時代の二〇〇七（平成一九）年、特別協賛社が途絶えて無冠の大会となり、赤字が膨らんだ。権藤は大会存続の是非を社内の管理職全員に問うた。アンケート結果を受け、スポンサー営業をぎりぎりまで続けることにし、〇八年は天然水メーカーのＶａｎａＨが特別協賛社に決まって、事なきを得た。以降、冠スポンサーの特別協賛社は地元不動産業のアールズエバーラスティング、スポーツジムのＲＩＺＡＰと続き、二一年からはＩＴ企業のＳａｎｓａｎが就いている。同時に、「地域サポーター」として数多くの地元企業にも協賛を募り、九州で開かれる数少ない男子プロゴルフトーナメントの応援のすそ野を広げることにも努めている。

「夏フェス」のような大会に変身

ＫＢＣオーガスタの第一回大会の優勝者は青木功プロで、通算で三度優勝。二〇〇〇年以降は、テレビ放送の解説者として大会を盛り上げ続けている。大会は二〇一八年を機に、「日本で最もユニークなゴルフトーナメント」と言われるまでに様変わりした。会場全体に軽快な洋楽が鳴り響く中、一番ティーでは選手自身が選んだ登場曲が流れる。入場チケットにはランチと飲料が含まれており、マイカーでなく送迎バスで来場した成人にはリストバンドが配られ、ビールが飲み放題になるという具合だ。三日目土曜日の競技終了直後には、十八番グリーンを取り囲んでアイドルグループＨＫＴ48が歌って踊った。

大会担当だった森君夫取締役（のち社長）が、「米国のフェニックスオープンのようにギャラリーが一体になって盛り上がる、『夏フェス』のような大会にしたい」と関係者に提案して回った結果だった。「お静かに」が定番のゴルフトーナメントだけに、競技環境を重んじる関係者からは慎重論も出たが、当時ＪＧＴＯ（日本ゴルフツアー機構）会長でもあった青木プロが「変化への意欲を応援したい」と理解を示し、会場の芥屋ゴルフ倶楽部を運営する福高観光開発（高倉力矢社長）の全面的な協力もあって実現した。以後、定着した「夏フェス」のようなＫＢＣオーガスタには、夏休みの子どもと一緒の家族連れや若い女性のグループも目立つようになり、それまで男子プロゴルフになじみの薄かったギャラリーを獲得しつつある。

第八章　問われるメディアのあり方

KBC の本社倉庫から，取材フィルムを押収する福岡地裁の係官

ローカル局は地域メディアである。報道機関として、公権力を監視する役割も期待されている。KBCの七十年を超える歴史の中で、公権力と明確に対峙したケースが二つある。福岡県知事選の立会演説会でテレビ中継の中止を求めた県選挙管理委員会への対応と、博多駅で起こった学生と機動隊の衝突事件に関して取材フィルムの提出を命じた裁判所との向き合いである。いずれも一九六〇年代後半のことで、選挙が保革対決で熱を帯び、ベトナム戦争など国際情勢を反映した学生たちの「1968」、異議申し立てが続いていた時代背景があった。また、メディアとして取り返しのつかない過ちも二つある。報道への信頼を揺るがせた八四年の「ニセ手紙事件」と、九一年の雲仙普賢岳火砕流災害で系列取材班四人の命を失ったことだ。歳月を経ても、取材する者一人ひとりの心構えと組織としての対応が、繰り返し問われ続けている。

公権力との向き合い方

立会演説会のテレビ中継をめぐって、争いとなった事案のあらましはこうだ。

六七年四月の統一地方選で行われた福岡県知事選は、当時全国でただ一人だった社会党の現職、鵜崎多一候補に対し、自民党と民社党が組んで亀井光候補を擁立した。保革の一騎打ちとして、全国的にも注目された選挙の一つだった。同月に実施された東京都知事選でも革新統一のマルクス経済学者・美濃部亮吉が僅差で当選するなど、保守と革新の支持者は拮抗し、選挙戦はヒートアップしていた。

ＫＢＣは立会演説会の実況中継（録画放送）を実現しようと、鵜崎、亀井の両候補から承諾を得たうえで、県選挙管理委員会に取材許可を申請した。しかし、「会場にテレビカメラを持ち込まれては秩序が維持できない」として拒否された。

これに対してＫＢＣは「県選管の態度は理解に苦しむ」とし、日本新聞協会を通じて自治省に見解をただした。その打ち返しは「立会演説会の放送は望ましいことであり、成功を祈る。ただし、実施上の調整は現地選管との間でなるべく円滑に行ってほしい」ということだった。

立会演説会当日の四月八日も、ＫＢＣと県選管の事務方との間で押し問答が続いた。県選管は会場の八幡市民会館（北九州市）の一室に県警機動隊一個分隊を待機させ、開会十五分前には演壇にセット済みだったＫＢＣのマイク二本を引き抜いた。カメラ三台のうち、二台は県選管が雇ったアルバイト数人が周りをとり囲んで使用不能にした。舞台に続く花道の、揚げ幕の奥に設置してあった残る一台のカメラを七人のＫＢＣ報道部員が守る中、迫ってきた県選管職員との間でもみ合いが始まった。

ＫＢＣ側が発した「選管は混乱を招くから取材を中止せよというが、無用の混乱を起こしているのはそっちだ。機材が倒れてけが人が出たらどうする。刑事責任がとわれるぞ」の声に、地元の北九州市八幡区選管の委員が「ＫＢＣの主張は分かった。われわれは県選管の命令で動いたが、事前にもう少し話し合うべきだった」と言ったのを潮に、その場は収まった。県選管が恐れていた会場内の混乱も起きなかった。

ただし、カメラは一台だけ。音声は舞台そでのスピーカーにマイクをあてて、収録するしかなかった。取材を終えて番組を制作中に、県選管からは重ねて放送中止の申し入れがあったが、ＫＢＣは拒否を貫いた。

翌朝、午前七時五分から一時間の特別枠で、立会演説会の中継録画番組がテレビ放送された。取材と放送について、ＫＢＣの電話受付には視聴者から支持する声が続いた。

ＫＢＣは四日後の福岡市内での立会演説会も実況中継する予定だったが、これを取り止め、八日収録分を再放送した。県選管と対立したまま再び取材をすれば、知事選の立会演説会の内容そのものより、取材をめぐる紛争が耳目を集めてしまう。それはＫＢＣの本意ではない、との判断からだった。

ＫＢＣはまた、県選管に対して告発などの特別な措置はとらず、民放連と新聞協会に問題提起することにした。それは「取材の自由」が全国の民放と、新聞も含めたメディア全体にかかわる問題ととらえたからだった。

選挙とテレビ・ラジオ

公職選挙の立会演説会で、そのテレビ中継をめぐって選挙管理委員会と放送局が激しく対立したと言われても、二一世紀の読者にはピンと来ないかもしれない。そもそも、立会演説会の制度自体が、一九八三年の公職選挙法の改正に伴って廃止されている。市民会館や学校の体育館に立候補者が顔をそろえ、演壇から聴衆に熱弁をふるう立会演説会が記憶にあるのは、現在の六十歳以上だろうか。

近現代史の「現場」としてしばしば登場する東京・日比谷公会堂。六〇年一〇月一二日に当時の社会党浅沼稲次郎委員長が右翼活動家の少年に刺殺されたのは、そこで開かれていた三党（自民、社会、民社）党首による立会演説会の壇上だった。

立会演説会では、候補者の身辺警備のほか、支持者間でのいさかいや候補者への組織的なやじなど、留意すべき点もあった。また、聴衆が自分たちの推す候補者が降壇するとそれに合わせて一斉に退去するなど、一般の有権者が「候補者の主張に耳を傾け、吟味する」という本来の趣旨から遠ざかり、形骸化した結果として制度が廃止された経緯がある。

一方で、ラジオ、テレビの政見放送が充実して来たことも、立会演説会の廃止を結果として後押しした面もある。

ラジオでの政見放送は終戦翌年の四六（昭和二一）年四月の第二十二回衆院選で初めて、日本放送協会を通じて全国向けの「政党放送」と地域向けの「立候補者政見放送」が実施されている。この時、民放ラジオはまだない。放送はすべて生放送だったが、原稿は事前にＧＨＱの検閲を受けたとされる。その後も政見放送はラジオだけの時代が続き、テレビでの政見放送が始まったのは六九年九月の徳島県知事選からだ。立会演説会のテレビ中継をめぐって福岡県選管とＫＢＣの対立があった、二年半後のことである。

それにしても、県選管はなぜ、強硬にテレビ中継をやめさせようとしたのか。候補者は二人だけの文字通りの保革一騎打ちで、激戦が予想されていた。立会演説会のテレビ中継が結果的にいずれかの候補の有利不利になることを恐れたのかもしれない。KBC取材陣の見方は、県選管の幹部が会場の混乱を恐れ、事なかれを願うあまり、権力を振りかざして力ずくでメディアを排除しようとしたケースではないか、というものだ。「立会演説会の放送は望ましいこと」（自治省）という基本に立ち返れば、県選管は状況を踏まえて、抜いた刀を鞘に納めることも出来ただろうに、意固地になったのか。

KBC側の姿勢は、取材現場、報道部幹部、経営陣も一貫しており、二回目の立会演説会中継は取り止めて再放送で済ませるなど、冷静に動いている。公権力との向き合いにおいて、メディアとして筋を通しつつも、したたかに対応するという原則を堅持したといえる。なお、この知事選では新人の亀井が八九万五六九〇票を獲得し、三九七九票の僅差で当選している。

地裁が取材フィルム提出を命令

もう一つの事案、福岡地方裁判所による取材フィルムの提出命令については、その背景から記す必要があるだろう。

ベトナム戦争が激化する一方で、日本では学生運動が盛り上がりを見せていた一九六八（昭和四三）

年一月、米原子力空母エンタープライズが長崎県佐世保に寄港した。これに反対する全学連の学生たちは東京から佐世保に赴く途中、約三百人が博多駅で下車したが、ホームから改札口に向かう通路付近で警察の検問を受け、もみ合い、衝突する中で学生五人が逮捕、うち一人が公務執行妨害罪で起訴された。「博多駅事件」と呼ばれる。

その裁判は福岡地裁で無罪判決が下ったが、弁護団が当日の警察の規制に行き過ぎがあったとして福岡地検に告発。同地検の不起訴処分を不服とした告発側は、刑事訴訟法二六二条による審判請求を同地裁に申し立てた。裁判長は警察側の出動警官の氏名一覧、撮影した現場写真などの提出を警察に求めたが、入手出来ずに窮した末、事件を報道したテレビ局のニュースフィルムに着目した。

福岡地裁は翌六九年五月、NHK福岡放送局とKBC、RKB、テレビ西日本の民放テレビ三局に現場フィルムの有無を照会した上で、提供を要請した。四局は共同歩調をとり、民放連報道委員会とも協議の上、「①報道の自由を守る②フィルム提供が悪例となる恐れがある」との理由から「提供しない」と回答した。

真庭春夫裁判長にあてたKBC高野信社長の返信のうち、取材フィルムを提供できないとした理由の部分は以下の通りだ。

貴官におかれて、報道機関の立場についてご理解をお願いする趣旨から申し述べます。いわゆる博多駅事件は申すに及ばず、ニュース全般にわたって、当社としましては、良識を失わず自由・公正な立場を堅持し、客観性をもったニュースを視聴者に提供するよう努めております。また、当社はそうしたニュースを放送する報道機関として一般の信頼を得ていると私たちは自負しております。もし、撮影され、編集されたニュースフィルムが対立する意見の中でその黒白を判定する資料の一部にでも供されることになるとすれば、報道の公正は疑われ自由な取材が拒否される結果を招くおそれがあると私たちは考えます。

在福テレビ四局の一致した反応に、福岡地裁は八月二八日、事件を撮影したテレビフィルムのすべてを提出するよう命令を出した。四局は「提出命令拒否もやむを得ず、民放連、新聞協会と連携してマスコミ全体の問題として内外に訴えていく」ことを確認し、九月一日には在福の放送、新聞、通信社合わせて十四社の報道責任者会議が「今回の提出命令は憲法にいう報道表現の自由を侵すもので、司法権の発動に強く抗議する」との声明を発表した。

四局は連名で翌日、「国民の知る権利を守るために、報道の自由が不可欠なものであること、取材したフィルムが報道以外の目的に使用されることによって、自由な取材ができなくなること」を主張し、最高裁に特別抗告して判断を求めた。報道の自由と国民の知る権利は憲法の根幹にかかわるもので、報道機関として譲れない。提出命令は公共の福祉の名のもとに許された範囲を超えたものであるから、取り消しを要求するというのが四局の求めだった。

最高裁は一一月二六日、「本件提出命令は憲法二一条に違反しない」との決定を下した。その理由として、「将来報道機関が被る不利益というのは、報道の自由が妨げられるおそれがあるというより、取材の自由がそこなわれるかもしれないという危惧にとどまる。この程度の不利益は、公正な裁判を行うためには我慢すべきである」と結論づけている。

この最高裁の判例に対して、法学界では批判も多い。「第一に、将来の取材の自由が妨げられるおそれがあるに過ぎないとの理由づけは、（中略）取材の自由の趣旨の無理解によるものといわざるをえない。第二に、最高裁が示した比較衡量は基準としての機能を果たしえず、取材の自由の萎縮効果を防ぐことができない。（中略）取材物提出拒否が原則であると考える必要がある」（鈴木・山田 二〇一九）と受け止められている。

裁判官の苦衷と報道機関の立場

最高裁決定の後、福岡地裁の塩田駿一裁判長（真庭裁判長の転勤で交代）は同年一二月、四局の報道責任者に非公式の懇談を申し入れた。その場で、裁判長として「報道機関の主張は十分理解できる。しかし、付審判請求事件では裁判所が直接捜査せねばならず、手足をもたぬ裁判所の苦しい事情をわかってほしい。何とか強制手段によらず問題を解決したいのだが、自発的にフィルムを提出してもらうわけにはいかぬか」と要請した。四局側は「問題はマスコミ全体にかかわることであり、筋を通さなければならない。裁判長の苦衷はよくわかるが、答えはやはりノーだ」と態度を変えなかった。*

年が明けて七〇年三月四日、福岡地裁は四局でフィルムの捜索、差し押さえに踏み切った。各局は「非協力」という形で事務官のフィルム押収を見守った。当初の提出命令では対象フィルムは「事件の状況を撮影したもの全部」となっていたが、当日の令状では「放映済みのもの」と範囲が狭められていた。

結局、警察の行き過ぎを問題視した付審判請求そのものは八月二六日、「警察官から暴行を受けたという学生の証言は、押収したテレビフィルムによって信用できるものであることがわかった。警察官側の職権乱用は認める」としながらも、「特定の加害者を割り出すのは至らなかった」との理由で、福岡地裁が棄却を決定している。

六八年一月の事件発生から、取材フィルムの提出命令と押収を経て、七〇年八月の付審判請求の棄却までの間に、日本は学生運動の高揚と収斂を経験していた。東大の安田講堂を学生たちが占拠したのが六八年六月。一〇月二一日の国際反戦デーには新左翼学生による「新宿駅騒擾事件」が発生し、翌六九年一月には機動隊導入による安田講堂の封鎖解除、三月の東大入試は中止された。七〇年三月には大阪万博が開幕する一方で、田宮高麿率いる赤軍派が日航機よど号をハイジャックした。

＊「KBC三十年史」の記録によると、懇談は六九年一二月一一日、福岡市南区高宮にあったテ

レビ西日本の福岡支社で行われた。

公権力に都合の良い法解釈

「博多駅事件」の場合、テレビ局に取材フィルムの提出を求めたのは福岡地裁だが、その理由は付審判請求に対応するにも裁判所は「直接捜査の手足をもたないから」だった。この時の最高裁決定が判例となり、その後、検察が取材ビデオテープを差し押さえた日本テレビ事件（八九年最高裁決定）、警視庁が取材ビデオテープを差し押さえたＴＢＳ事件（九〇年最高裁決定）でも、同じように比較衡量の枠組みを適用して、適法と判断されている。ただし、両決定ともに少数の反対意見が付され、報道機関の取材結果を押収することによる弊害にも言及している。

一方で、二〇一三年に鹿児島市の繁華街・天文館で起こった警察官の制圧行為による男性の圧死事件では、取材中に撮影されたテレビ番組制作会社の記録用ＤＶＤの証拠採用を、福岡高裁宮崎支部は報道の自由、取材の自由の侵害を理由に認めなかった。原告（死亡男性側）の特別抗告を最高裁も棄却した。「博多駅事件」とは異なる決定であり、「報道の自由、取材の自由を口実にして、県側の不利益な証拠が排除されたのではないかとの批判が強い」（鈴木・山田 二〇一九）。

公権力を持つ側が、自分たちに都合よく法解釈をするのは、立憲主義に反する。メディアが国民の支持を得て、権力の監視機能を担う存在である以上、報道の自由は堅持していかねばならない。同時に、国民の信頼、ローカル局ならまず地域住民の信頼なくして、メディアはメディアたりえない。また、半世紀前の事件と判例を顧みつつも、その後の社会変化と技術革新、なかでもインターネットの普及と、個人が手軽にスマホで動画撮影して発信する状況を踏まえる必要がある。放送局や新聞社という既存メディアが独りよがりにならず、公共圏を構成する担い手として、新たなメディア環境にどう向き合うかが問われている。

経営トップの姿勢

報道機関としての基本姿勢にかかわる二つの事案は、高野信社長の時代に起こった。高野はいずれも、報道現場の判断を了としたうえで、経営トップとして「言論の自由を守る、という基本を堅持する」との所信を取締役会でも表明している。

高野は東大卒後の二九（昭和四）年に朝日新聞社に入り、経済部記者を経て、終戦に伴う編集局改革で報道部長、四六年四月に東京編集局長に。その後、長く西部本社代表とＫＢＣの社外取締役を務め、六七年一月にＫＢＣに移って社長、会長を歴任した。その手腕が認められ、七四年一一月にはＮＥＴ社長に転じた。ＮＥＴでは教育局から一般局への免許切り替えや、関西地区でのネット局「腸ねん転」解消、「全国朝日放送」への社名改称などにあたったが、モスクワ五輪の放送権をＮＥＴが単独で獲得した時の経営トップでもあった。

海外での五輪は、ＮＨＫと民放が共同して放送に取り組むのがそれまでの常識だった。しかし、七七年三月九日、ＮＥＴの三浦甲子二常務がモスクワで五輪組織委員会のノビコフ議長と調印し、ＮＨＫとＴＢＳ、日本テレビ、フジテレビが組んだ共同交渉組が退けられ、放送界は騒然となった。直後の三月一五日、衆議院逓信委員会に参考人として呼ばれた高野の答弁には、五輪問題にとどまらず、彼のメディア論、ジャーナリズム論が垣間見える。

鈴木強委員（日本社会党）　一体あなたのところだけで一億国民の本当に願っているオリンピックの映像が茶の間に入ると思ったのでございましょうか。

高野信参考人　我が国も放送界には一方にＮＨＫという国営ともいうべき巨大な組織がございます。その視聴料は一切ＮＨＫに入ってしまう。日本放送界全体のために使われる部分は極めて少ない。これは実に悪い制度だと考えておる。何でもＮＨＫさんにお願いする。おんぶにだっこでやっているような仕方は私は好まない。私のように若造の時から新聞社で切った張ったの仕事をしてきておりますと、あるいはひん曲がっているかも知れませんが、そんな根性にならざるを得ないのですね。

鈴木強委員　「一九八〇年モスクワ・オリンピック放送権契約書公開に際して」という三浦さんの見解というか、その一番最後に「国会の政治介入」という項がございます。まことにこれはけしからぬ国会侮辱であると思いまして一応見解を聞きたい。これはもう陳謝して下さいよ。あなた、これは取り消しなさいよ。

三浦甲子二参考人　陳謝する意思はありません。

（鈴木委員から社長の見解を問われて）

高野信参考人　私たちは放送に従事していますが、新聞を含めて言論、放送その他一般の意見の自由な表明というものは日本の民主主義の一番大事な根幹である。私の方からのお願いとしては、放送といわず新聞といわず、言論の自由についてはこれを死守する覚悟でやっているんだという点をご理解願いたいと思うのです。

いま、国会に呼ばれてこのようなタンカを切る民放トップが果たしているだろうか。

報道への信頼を揺るがせた事件

人も組織も日々、試行錯誤の中を明日に向かって歩むものだろう。しかし、取り返しのつかない大きな過ちが、KBC七十年の歴史に二つある。

一つは八四年一二月に、佐賀新聞の報道によって明るみに出た、KBCの中国残留孤児にかかわるニセ手紙事件だ。中国東北部（旧満州）に戦後も残された日本人孤児の肉親捜しをめぐる取材で、佐賀県在住の家族が判明し、面会後に中国に戻った女性から父親にあてたとする「手紙」を担当記者がねつ造。父親がその「手紙」を手に、翻訳されたテープ音声を聞く場面を収録した。

記者は成田空港で、中国に帰国する直前の女性から肉親への思いを直接取材し、「帰国したら、こうした思いを手紙にしたため、父親に送る」との言葉を聞いていたという。しかし、十日経っても手紙は届かず、取材をもとに「手紙」を作り上げた。

同じ女性を取材していた佐賀新聞の記者が「手紙」への疑念を抱き、ＫＢＣ記者を問い詰めて事実が明らかになった。同紙の特ダネとして、「ＫＢＣテレビ　心ない番組作り」の見出しで報じられた。番組の放送前であり、結果的にオンエアされることはなかったが、ＫＢＣの報道に対する信頼を大きく揺るがせた。

担当記者は「頭の中で台本を作りあげ、完成度を高めるために、やってはならない演出に走った」と非を認めた。女性の思いは取材しており、父親の弟にも本物ではないことを断っていたものの、手紙は本人が書いたものではないのに、父親には本物と思わせて収録していた。「やらせ」演出のための手紙のねつ造であり、弁解の余地は全くない。

番組が放送されることはなかったが、取材のプロセスと番組制作の姿勢に大きな過ちがあったとして、松本盛二社長は自らを減俸六か月、報道局長に減給五か月、報道部長に同三か月、担当記者に停職六か月の処分を下している。

放送記者は社会の出来事に日々向き合い、問題意識を持って取材し、その内容を視聴者に分かりやすく提示することに努めている。しかし、その問題意識が独りよがりの思い込みに転じ、分かりやすさが過剰な演出やねつ造、盗用を誘うという、落とし穴の危険性を常に自覚する必要がある。

二〇二三（令和五）年一二月、中国地方の民放テレビ局がニュース企画で他社の原稿を無断引用したとし、謝罪と処分を発表した。二十代の若手記者が中学教員の部活指導に関する「サービス残業」の現状を取り上げたニュース企画で、取材対象は地元で独自のものだった。しかし、そのナレーション原稿の三分の一は、KBCの記者が一年前に取材、放送したテレビ番組のものと一致、または類似したもので、社内調査で若手記者も無断引用を認めた。

当該局は調査結果を公表して、KBCに謝罪するとともに、社長の減給三か月、報道制作局長、報道部長、担当記者らに減給一回の処分を下した。同時に、「基本的な記者教育がなされていなかったことが、今回の事案の大きな原因」として、「記者ガイドライン」を新たに作成し、全社員を対象に報道倫理の研修を実施すると約束した。

この放送局とKBCは、放送エリアも系列も異なる。若手記者が引用対象としたのは、「休日に部活顧問も　多忙極める教師の実態に密着」というKBCのニュース企画が、テレビ放送後もネット配信されていたものだった。インターネットで検索すれば、その真偽は別として、注目を集めるコンテンツに容易にアクセスできる時代だ。媒体を問わず、先行例に触発され、問題意識を持って取材を始めることはあるだろう。しかし、先行例の「枠組み」をそのまま利用し、取材対象者だけを入れ替え、ナレーション原稿も引用するとなれば、それは「放送・報道に携わる者として決して許されない、言語道断の行為である」（当該局の発表資料）。

ＫＢＣは今回の事案について、当該局に事実確認を要請するにとどめ、その後の対応を了とした。当該局の公表に合わせ、ＫＢＣとして「当社でも今回の件を他山の石として、社員、スタッフの教育を徹底し、放送業界全体が今後とも信頼されるメディアとなれるよう、精進していきます」との短いコメントを発表した。それは、三十九年前の自社の過ちを自覚し、その反省の上にこれからも自らを律し続けるという、ＫＢＣの率直な思いであった。

雲仙普賢岳で犠牲となった取材班の四人

忘れてはならないもう一つの過ちは、長崎県・雲仙普賢岳の噴火をめぐる災害で、取材にあたったＡＮＮ＊取材班の四人が犠牲となり、うち三人がＫＢＣ関係者だったことだ。取材活動中に命を落とした悲劇は、ＫＢＣ七十年の歴史でこの前も、この後もない。

雲仙普賢岳は一九九〇（平成二）年、江戸時代の「島原大変」以来百九十八年ぶりに噴火した。翌年五月、水無川に土石流が押し寄せ、溶岩ドームが出現。火砕流が発生して、報道各社は災害の長期取材態勢に入った。ＡＮＮではテレビ朝日、ＫＢＣと地元の長崎文化放送（ＮＣＣ）を中心に、系列七社で共同取材チームを編成。最大時でテレビ中継車三台、映像取材のカメラクルー十七班、定点カメラ二台、総勢五十人超が現地前線本部に詰めた。

九一年六月三日、発生した大火砕流にのみこまれ、地元の住民、消防団員、警察官、報道関係者合わせて四十三人が焼死する大惨事となった。うち報道関係者は二十人で、ANN取材班ではテレビ朝日の城詰靖之記者（二十七）、KBC映像の江口博カメラマン（二十三）、福岡大生の西原理カメラ助手（二十）、取材班がチャーターした島鉄タクシーの中川英喜運転手（四十四）の四人が犠牲になった。

水無川上流の北上木場地区の高台は「定点」と呼ばれ、報道各社がカメラを配置し、普賢岳周辺の状況を見つめ続ける最前線だった。この地区は一週間前に避難勧告地域に再指定されていた。同日午後四時八分に発生した大火砕流で、ANNの四人から連絡が途絶えた。二日後、全員が遺体で発見された。

「なぜ取材班を定点から避難させなかったのか」。遺族からANNに対して、厳しい指摘がぶつけられた。大火砕流が発生する十分前に、火砕流が確認されて取材班を直ちに避難させたテレビ局もあったからだ。ANN現地取材本部は事故後、「取材体制が万全でなく、安全に対する認識が不足していた」ことを反省し、取材の安全マニュアルを次のように改定している。

・一斉指令が出来るよう同一周波数の携帯無線機を取材クルー全員に配備する

・取材クルーはタクシーと無線を手放さない
・危険区域、避難区域に指定されている地域での取材、立ち入りは絶対に行わない
・無線の交信が届かない地域の取材、立ち入りは行わない
・取材した映像がたとえ他社に負けるようなものであっても、その責任を問わない

火砕流に対する報道機関の認識も十分でなかった。火山噴火予知連絡会は当初、「桜島などでも観測されており、そんなに異常な現象ではない」とコメントし、パニック状態になることへの配慮をにじませた。一方、五月末の段階で九大・島原地震火山観測所の太田一也所長は、「火砕流に巻き込まれたら逃げようもなく、大きな被害が出る恐れがある。『定点』での取材は危険だ」と警告を発していた。

改定マニュアルの裏返しになるが、各社が「他社に負けまいと視聴者を引き付ける映像を競い、十分な通信手段がないまま、最前線で体を張った」結果が、大惨事につながった。犠牲になった消防団員や警察官の関係者には、メディアが「定点」から下りなかったことが被害を拡大したとの思いも根強かった。

＊　正式名は「オールニッポン・ニュースネットワーク」で、テレビ朝日を軸とした系列テレビ局で作る報道取材の枠組み。一九七四年に発足。ニュース素材の交換や報道番組の共同制作、海外

取材拠点の維持などを担い、系列全体で報道力を高めることを目指している。二〇二四年現在の加盟局は二十六。

災害報道はどうあるべきか

雲仙普賢岳の大惨事は、「災害報道のあり方」をメディアに改めて問うものとなった。災害の状況を事前、発災時、事後にわたって正確に伝え、地域住民の命と暮らしを守ることに役立つ情報の提供は、メディアとりわけローカル局の責務である。ただ、それは取材スタッフを犠牲にしたり、スリリングな映像を競ったりすることでは決してない。ＫＢＣ五十年史は、大惨事の項目をこう締めくくっている。

「今回の犠牲は自然災害の安全に対する十分な取材と認識が欠落した結果であった。その結果の犠牲の大きさと報道の責務の厳しさを改めて銘記する」

雲仙普賢岳の後も、九五年一月の阪神・淡路大震災、二〇〇五年三月の福岡県西方沖地震、一一年三月の東日本大震災と福島原発事故、一六年四月の熊本地震、二四年一月の能登半島地震と大災害が続き、そのたびに「災害報道」も問われ続けている。

ＫＢＣでは一八年から地元の各自治体と「防災ネットワーク協定」を順次結ぶと同時に、報道制作局員と各自治体の防災責任者で交流会や勉強会を重ねている。日ごろから防災意識を高めることが、発災時のタイムリーな情報提供や災害後の復旧に向けた動きにつながるとの思いからだ。

毎年六月三日、「定点」では犠牲者の慰霊式が行われる。同時に、ＫＢＣ本社三階の報道制作局にも祭壇が設けられ、社員がそれぞれ手を合わせ、「災害報道のあり方」を自らの胸に問う。

第九章　ラジオの紆余曲折

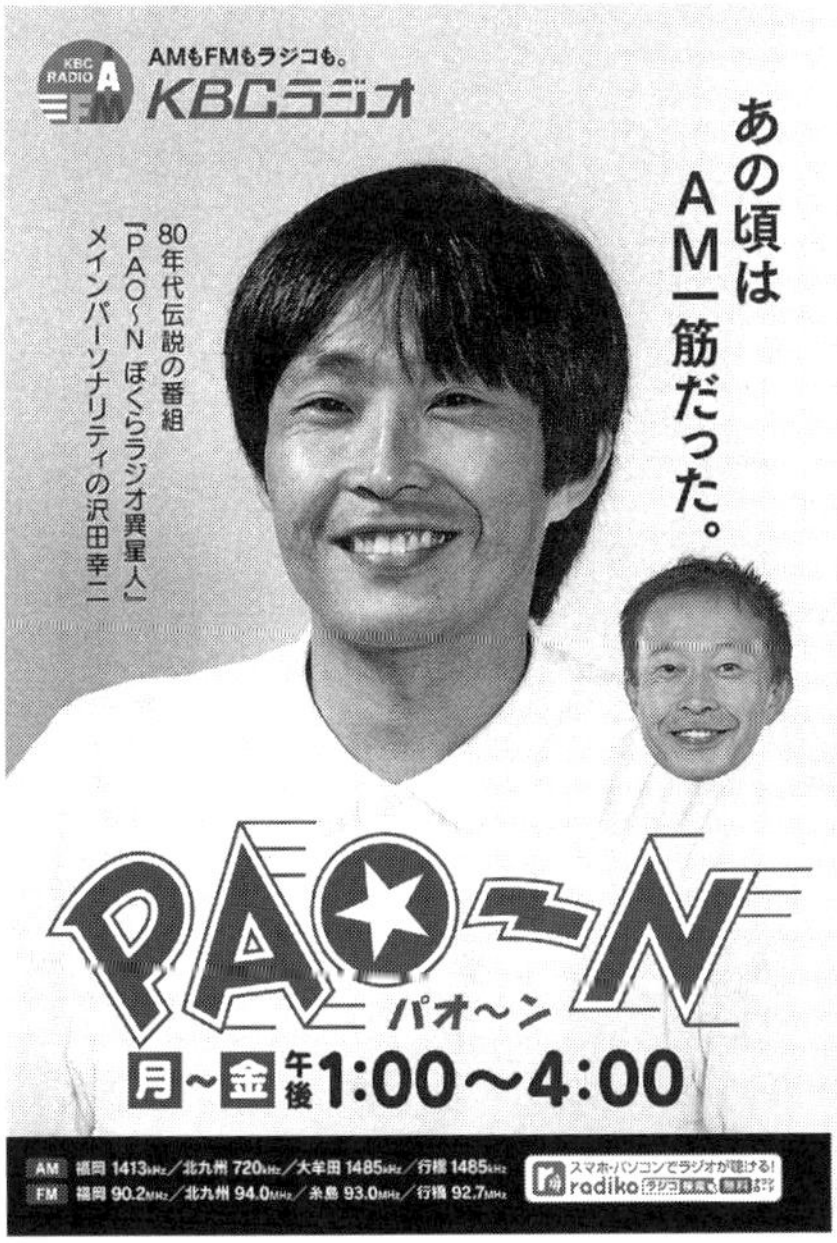

80年代の深夜放送が，今もお昼の番組として続く「PAO～N」

民放の草創期に産声を上げたほとんどの放送局にとって、その祖業は中波ラジオである。大都市に立地し、財政基盤がしっかりしていたラジオ東京（現在のTBSホールディングス・AM）やラジオ九州（現在のRKB毎日ホールディングス）は創業当初から順調で、その後のテレビ進出で業績を大きく伸ばした。しかし、多くのローカル局ではラジオが一人前の事業に育つ間もなく、テレビ時代が到来した。テレビ兼営でなんとか経営は軌道に乗ったものの、一九七〇年代に入って今度は全国でFM局新設が相次ぎ、ラジオの経営環境はさらに厳しくなった。気がつけば中波ラジオが『お荷物』になっていた老舗の「ラ・テ兼営局」のなんと多いことか。

祖業ゆえの苦しみ

ＫＢＣもラジオ局として誕生し、テレビに進出したラ・テ兼営の放送局である。ご多分に漏れず、祖業であるラジオは一九五四（昭和二九）年の開局以来、実質的に一度も営業黒字を計上していない（五六年度の営業報告書では約二〇〇〇万円の黒字と記載されているが、減価償却が含まれていない）。ラ・テ兼営となった五九年以降も、共通の間接経費や報道のコストをどう按分しても、ラジオ部門が赤字を脱した年はないのが実情だ。もっとも、テレビは番組の過半をキー局からネット受けしているのに対し、ラジオは自社制作が七〇％強でコストがかかる構造も斟酌する必要はある。

新聞で今も「ラ・テ欄」と呼ばれる放送番組の時間表ページで、主役の座がラジオからテレビに置き代わったのは、読売新聞では一九五九（昭和三四）年四月、朝日新聞では六一年四月のことだ。日本で初めてのテレビ情報誌「週刊TVガイド」を東京ニュース通信社が創刊したのが六二年八月である（平松　二〇二三）。福岡ではちょうど、KBCなど民放テレビ三局がしのぎを削り始めた時期と重なる。白黒テレビ受像機の普及は予想を上回る速さで、東京五輪が開かれた六四年には世帯普及率が九〇％を超えた。「一家に一台、お茶の間にテレビ」が標準となった。同じころ、民放テレビからも日中の放送休止時間がほぼ消えた。反比例するように低迷するラジオ局をテコ入れすべく、民放連は六六年に「ラジオ強化委員会」を新設している。

リスナーを絞り込め

お茶の間メディアの主役の座から、思うより早く転がり落ちたラジオは、自動車を運転するドライバー向け、自宅で内職する主婦向け、深夜まで受験勉強する学生向けというように、リスナーを絞る形で新たな番組を模索した。「オーディエンス・セグメンテーション」（聴取対象別細分化）と呼ばれる手法で、六四年に東京のニッポン放送が採り入れ、KBCラジオもその二年後から見習った。

今に続くニッポン放送の深夜番組、「オールナイトニッポン」はこの手法で若いリスナーを明確なターゲットに、六七年一〇月からスタートした。放送開始から半世紀を優に超え、それぞれの時代を代表するパーソナリティーが人気を集める看板番組である。KBCラジオの深夜でも、この番組が続いている。

ラジオ受信機も様変わりした。お茶の間に家族が集まって聴くラジオは、木製の大型がタンスなどの上に鎮座していたものだ。しかし、個人で聴くのは、小型で持ち運べるトランジスターラジオが主流となった。普及し出した自家用車にはカーラジオが付いており、さらには「ラジカセ」が開発された。松下電器産業（現・パナソニックホールディングス）がカセットテープレコーダーと中波、FMの二バンドラジオを組み合わせた「RQ231」を売り出したのは、六七年一二月のことだ。

KBCラジオでは新手法を活かして、一日を七つに区分し、例えば早朝を「サンライズ・パートナー　早起きのあなたへ」、昼下がりを「ダイナミック・パートナー　活動するあなたへ」と時間帯を位置付け、広告会社とともに戦略を練った。KBCのラジオ部門の売り上げは六六年度にようやく、福岡移転・出力増強時（五六年）に掲げた平均月商三〇〇〇万円の目標に十年遅れでたどり着いた。

ラジオは六〇年代半ばを転機に「個人メディア」化に活路を求め、浮上する勢いを見せた。しかし、KBCのような中波ラジオには、六九年末から全国で次々と開局していったFMラジオ局との競争が待ち受けていた。中波に比べ、音質の良さと効率的な放送設備がFMの利点だった。福岡の民放ラジオには、七〇年開局のエフエム福岡、九三年のエフエム九州（現・CROSS FM）、九七年の九州国際エフエム（現・ラブエフエム国際放送）が参入した。RKBとKBCの中波二局による一騎打ちから、五局による混戦に環境は変わった。

パーソナリティーの時代に

深夜放送の代名詞ともなった「オールナイトニッポン」をKBCラジオは七〇年からネット受けして放送を始めたが、午前一時スタートの前の時間帯は、ライバルのRKBラジオが「スマッシュ11（イレブン）」という若者向け番組でがっちりと固めていた。その牙城にKBCラジオが真っ向勝負したのが、八三年五月三〇日にスタートした「PAO～N　ぼくらラジオ異星人」だ。月曜から金曜の二二時一〇分から二四時三〇分まで、日替わりの若いDJが兄貴分として中・高校生リスナーに語りかけた。

同年秋には二一時スタートに時間を拡大し、パーソナリティーを沢田幸二（月・火）、師岡正雄（水・木）、二木清彦（金）の若手アナウンサー三人に絞り込んだ。リスナーからのはがきやカセットテープを紹介する「異星人接近」、学校生活にスポットをあてた「オクラホマ軍団」、音楽で盛り上がる「ミュージックパラダイス」や女子大生が担当する「DJギャル・今夜もウッフ」のコーナーが人気を集めた。

八六年春からは、沢田に一本化。さらに注目を集め、沢田は月刊誌「ラジオパラダイス」の全国パーソナリティー人気投票で、ビートたけしやとんねるずを抑えて第五位にランクインした。その影で、ライバルの「スマッシュ11」は番組表から姿を消した。ラジオはパーソナリティーが左右する時代になっていた。

「ＰＡＯ～Ｎ」は九〇年の編成一新でいったん終了するが、二〇〇三年三月から沢田をメインパーソナリティーとする平日昼間のワイド生番組として復活した。かつてのリスナーとともに、沢田も年齢を重ねて役員待遇エグゼクティブアナウンサーとなったが、放送は二〇二四年現在も継続中だ。番組スタートから四十周年を記念して、二三年一二月三〇日には、かつての夜の放送と同じ時間帯に「復活！ＰＡＯ～Ｎ　ぼくらラジオ異星人」を放送し、ラジオのインターネット配信「ｒａｄｉｋｏ」の福岡地区での占拠率は番組平均で五一・四％、最高で六一・八％を記録している。

「ＰＡＯ～Ｎ」のリスナーは九州にとどまらず、ｒａｄｉｋｏを通じて全国に広がっている。関西在住の作家高田郁も熱心なリスナーの一人で、便りが「ボツ」になるのをめげずに番組への投稿を続けている。

挑み、消えた「ＩＮＰＡＸ」

ＫＢＣの七十年を超えるラジオの歴史の中で、異彩を放ちながら、社内関係者が多くを語らない取り組みがある。一九九〇（平成二）年四月から三年間、全く新しい発想でラジオ放送を一新しようと挑んだ「ＫＢＣ－ＩＮＰＡＸ」だ。その主眼は、時々刻々入ってくるニュースや話題を切れ目なく、ノンストップで届け続ける編成にあった。米ニュース専門テレビ局ＣＮＮのラジオ版を狙った、といえば分かりやすいだろうか。「多メディア化、多チャンネル化を見据えて、ラジオを変えろ」と大号令を発した松本盛二社長の強いイニシアティブだった。

ＩＮＰＡＸとは、information（情報）、intelligence（知識）、interest（興味）を未知数の可能性でpack（包み込む）という意味を込めた独自の造語だった。

番組表はいたってシンプル。朝の六時から深夜の二四時三〇分までをタテの流れで一体化する「スロープ（坂道）編成」と呼んだ。六時から一〇時までは世界中の情報をリアルタイムで届ける「ＭＯＲＮＩＮＧ　ＳＬＯＰＥ」、一〇時から一四時まではマーケット情報を軸とした「ＤＡＹＴＩＭＥ　ＳＬＯＰＥ」、一四時から一八時は街の動き、人の動きを伝える「ＡＦＴＥＲＮＯＯＮ　ＳＬＯＰＥ」、ナイター中継をはさんで二一時から二四時三〇分が一日の情報を振り返り、明日につなげる「ＮＩＧＨＴ　ＳＬＯＰＥ」とされた。

カギを握るのは一にも二にも情報だが、それまでの朝日新聞ニュースと共同通信に加え、日本の民放では初めてロイター通信と個別契約を結び、インテルサット衛星を介して英文ニュースを二十四時間受信。翻訳スタッフを置いて、国際ニュースを随時放送した。また、朝日新聞の論説委員、編集委員から、評論家田原総一朗の人脈、芸能リポーターの梨本勝チームまで、幅広い解説、コメンテーター陣を抱え、タイムリーにかかわってもらった。

放送開始の九〇年には米ソ首脳によるＳＴＡＲＴ（戦略兵器削減条約）合意、イラクのクウェート侵攻があり、翌年にはゴルバチョフ大統領が辞任してソ連が消滅するなど、冷戦後の世界は激動していた。それだけに、「KBC－INPAX」の取り組み自体は放送業界でも注目を集めた。しかし、聴取率が以前よりも低迷する一方、制作コストは大幅に上がり、続行は不可能として九三年三月で打ち切られた。

ラジオ局長だった長谷川弘志は「ラジオ担当者の意識改革が思うように進まなかったことや、時代を先取りした番組の仕掛けの大きさが時期早尚であった」と五十年史で総括している。十一章で後述するように不動産事業では慧眼を示した松本盛二も、INPAXは「壮大な実験」に終わったと言わざるをえない。

伝説を作ったラジオ・プロデューサー

ラジオと音楽は切っても切れない。九八年三月、「伝説ライブ」と銘打った音楽イベントが四日間にわたって福岡サンパレスで開かれた。プログラムと主な出演者を見てみよう。

第一日「MIRACLE NIGHT」出演・スターダストレビュー、浜田省吾、山下達郎
第二日「甲斐バンド復活！ ONLY ONE NIGHT」
第三日「HEARTFUL DAY」出演・TULIP、伊勢正三、イルカ、海援隊、坂崎幸之助、さだまさし、南こうせつ

第四日「HAKATA R&R CIRCUS」出演・シーナ&ザ・ロケッツ、サンハウス、RUBY、石橋凌とARB

そうそうたる顔ぶれのライブは、KBCラジオのプロデューサー岸川均の定年退職を記念するため、全国で活躍する福岡ゆかりのミュージシャンが集結したものだった。

ラジオ一筋の岸川は入社間もない六二年から毎年、音楽番組の企画書を出し続け、六九年にようやく、週一回三十分の番組「歌え！若者」の制作担当に登用された。民放のローカル局として、地元のアマチュア・ミュージシャンを応援し、音楽のすそ野を広げるのが企画の意図だった。

アマチュア・バンドのためのラジオ番組は、九州の民放では前例がなかった。岸川は出場バンドについてオーディションをせず、応募方式を採用。第一回の出演バンドはザ・フォーシンガーズで、財津和夫もそのメンバーだった。財津はその後、リーダーとしてチューリップを結成し、KBCテレビの「パンチヤングFUKUOKA」へのレギュラー出演を経て、上京して全国的な人気を得ることになる。

「歌え！若者」には、福岡教育大フォーク愛好会のメンバーだった当時の武田鉄矢も出演し、甲斐よしひろは弾き語りを披露した。番組は通算で二十年続いたが、面倒見の良い岸川はアマチュア・ミュージシャンと長いつきあいを続け、プロとなって出世した彼らのネットワークで伊勢正三、イルカなどに輪が広がった。岸川はまた七五年から、東京で活躍するミュージシャンを年末の福岡に呼んで開く「里帰りフォーク大会」を企画し、六年間続けた。

「伝説ライブ」は、ラジオ・プロデューサーとしての岸川の卒業式でもあった。その模様はKBCラジオで四夜連続して、一九時から二時間の枠で放送された。

ローカル局のラジオには岸川のほかにも、ミュージシャンとアマチュア時代やデビューしたての時期から親交を深め、「伝説」となった放送人がいた。北海道で若き日の松山千春を見出したSTVラジオ（札幌市）の竹田健二ディレクターや、ユーミンに荒井由実時代から声をかけ、ラジオ番組を長年一緒に作った北陸放送（金沢市）の金森千栄子プロデューサーもそうだ。テレビの東京キー局だけが、戦後日本のミュージックシーンを創り上げて来たわけではない。

また、ローカル局はミュージシャンの地方公演に主催者として名を連ねることで、ファンのすそ野を広げる役割も果たして来た。ミュージシャンは義理堅い人が多く、主催の放送局をまず変えない。例えばユーミン、松任谷由実の福岡公演の主催は一貫してKBCである。

「破天荒」な企画を実現する

KBCラジオの歴史にはもう一人、ローカル局では誰も思いつかないような、不可能と思われた企画を実現させたプロデューサーがいる。岸川の五年先輩にあたる黒岩泰英である。今聞いてもホントなのという企画は、盲目の米歌手スティービー・ワンダーのインタビューを、聞き手に映画「座頭市」の俳優・勝新太郎を起用して行うというものだ。

何かのツテがあったわけではない。日本語版が出たスティービー・ワンダーの半生記を読んで感動した黒岩は、彼の関係者に手紙を送り続け、一年かけてインタビューの了解を取り付けた。聞き手をどうするか悩んでいた時、ある歌手の結婚披露宴で面識のない勝と同じテーブルになる。席は離れていたが、勝が中座してトイレに入るのを追っかけた。隣どうしで用をたしながら、「インタビュアーをお願いできませんか」と直球をなげた。すると、披露宴がお開きとなった後、改めて話の中身を聞いてくれて、その場で「俺をおいて、その役の適任はいないよ」とOKが出た（黒岩　二〇〇三）。

いささか芝居がかっているが、黒岩の回顧録だけでなく、勝のマネージャーだったアンディ松本も一連のいきさつを書き残している（松本　二〇一七）。八一年一〇月に米ロサンゼルスでインタビューが実現する前、勝の制作会社「勝プロダクション」が倒産するという試練に向き合いながらも、「勝プロ倒産後の初仕事はスティービー・ワンダーへのインタビュー」と逆手にとってマスコミの注目を集めた。予定のインタビューだけでなく、勝が持参した三味線とスティービー・ワンダーが即興で弾くピアノのセッションも実現した。

その模様は同年一二月、一時間のラジオ特番「太陽からのメッセージ　人間スティービー・ワンダー」として、ＫＢＣ発でニッポン放送（東京）、ＡＢＣ（大阪）、東海ラジオ（名古屋）など全国十一局ネットで放送された。

この企画話にはオチもある。勝は「飛行機代とホテル代を出してくれれば、ギャラはいらない」と言ってくれた。しかし、現地のホテルをチェックアウトする段になって黒岩は請求書に目をむく。スイートルームでの酒代やルームサービスの費用がかさみ、会社から預かった現金ではとても足りない。幸い、日系ホテルだったので、支配人に頼んで帰国後に振り込むことでなんとかその場をしのいだ。黒岩は企画成功の余韻に浸る間もなく、福岡に戻って精算と始末書の提出に追われることになった。

二一世紀のＫＢＣには残念ながら、とてもいそうにない「破天荒」なラジオ・プロデューサーが昭和にはいたことを記録にとどめたい。

地道に続けてこそ

「破天荒」を認める一方で、ＫＢＣは「地道にコツコツ続ける」ことに一目も二目も置いて来た。それは、ラジオ事業そのものがそうかもしれない。ラジオで「地道に」の代表格が、毎年のクリスマスに二十四時間ラジオとして展開する「チャリティー・ミュージックソン」だろう。ＫＢＣも加盟するラジオ・ネットワーク「ＮＲＮ」の幹事局の一つであるニッポン放送が一九七五年に、「目の不自由な方へ、通りゃんせ基金」キャンペーンを提唱したのが始まりだ。この年のクリスマスに、ＳＴＶラジオ、東海ラジオ、大阪放送を加えた五局共同の取り組みとして始まった。番組を通じてリスナーから寄付を募り、音の出る信号機を寄贈するもので、その後も継続して多くのラジオ局が歳末の恒例番組として放送している。

ＫＢＣに寄せられた募金の総額は二〇二三年までの累計で三億六七四二万一九八円にのぼる。これをもとに、福岡県内に設置された音の出る信号機は合わせて二百十基となった。同時に、基金の一部を活用して、ＫＢＣでは一九八〇年から点字教室を始めた。二〇二四年現在も、グループのＫＢＣ開発が担当して教室を続けている。受講料は無料で、半期ごとに受講生を募っている。社会の役に立ちたいという希望者が多く、修了者は直近の第九五期生までの累計で千九百二人を数える。

ラジオだけでなく、テレビも含めてＫＢＣ一丸で取り組み続けているのが、一九九七年から始まった「水と緑のキャンペーン」だ。かつての福岡市は、「水不足」に泣く都市だった。給水制限日数は一九七八年に二百八十七日、九四年には二百九十五日に及んだ。降水量の減少と急速な都市化が影響しており、市民の環境への関心は高まっていた。福岡に赴任して水不足の洗礼を受けた馬来勝彦常務テレビ営業局長（のち朝日広告社社長）がキャンペーンの旗をふった。生活に欠かせない水と、それを育む緑の大切さを考えようと呼びかけ、長時間放送（初回は二十五時間）のテレソン番組「水と緑の物語」を企画した。以来、テレビとラジオで毎年続けている。

ＫＢＣは、国連が提唱するＳＤＧｓ達成に向けたメディア・コンパクトに参加していない。ＳＤＧｓは二〇一五年の「国連・持続可能な開発サミット」で採択された二〇三〇年をゴールとするアジェンダであり、メディア・コンパクトは二〇一八年九月からで、日本でも多くのメディアが参加している。しかし、ＫＢＣは国連に促されるまでもなく、前世紀末から地域に根差した環境キャンペーンを地道に続けて来た、との自負がある。環境への取り組みは、世間の流行りすたりで行うものではないとの受け止めが社内には根強い。

　だから、ＫＢＣグループの役員、社員で、襟元に「ＳＤＧｓ」バッジを着けている人はまずいない。さらに、入社時に渡される社章バッジそのものを着けている人も見かけない。それが社風かもしれない。「バッジなんぞより、その行いで判断してほしい」ということだろうか。

第Ⅲ部　未来への布石

第十章　「地デジ」化を乗り越えて

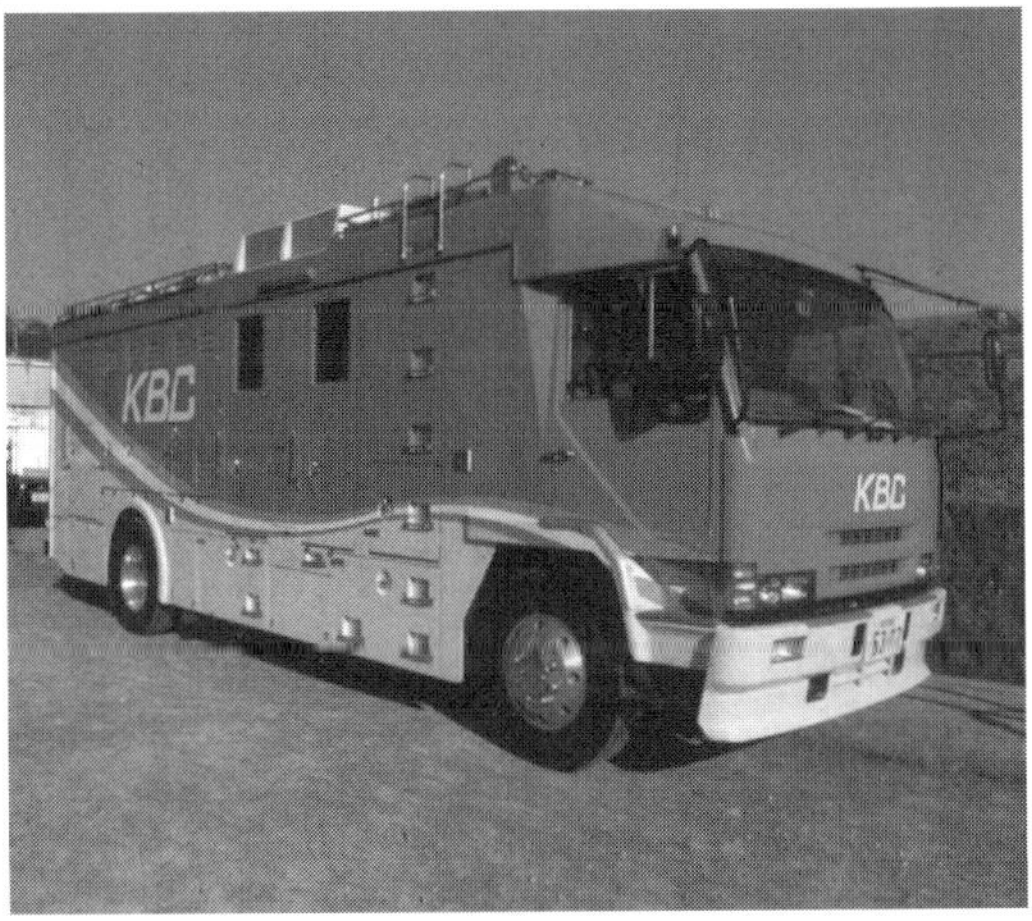

放送設備の効率化で更新が見送られた「最後」のテレビ大型中継車

テレビ放送は日本の高度経済成長（一九五五〜七三年）と軌を一にしたこともあり、長く繁栄を謳歌して来た。七三年の第一次オイルショックや八五年のプラザ合意に伴う急な円高不況も乗り越え、「メディアの王様」として成熟した存在感を示していた。一方で、チャンネルの限られた地上波テレビの限界が語られ始め、多メディア多チャンネルの「ニューメディア」が八〇年代に入って注目を集め始める。都市型のケーブルテレビが普及し出し、放送衛星を使ったBSテレビも始まった。電気通信事業が自由化され、電電公社がNTTに民営化されたのは八五年だが、これを機に通信と放送分野の技術革新は加速する。「アナログ」から「デジタル」への流れである。九〇年代に台頭したインターネットと携帯電話が、メディア環境を大きく変えようとしていた。

移行期間十年の大事業

日本の地上波テレビ局は二〇一二（平成二四）年三月三一日をもって、完全にデジタル放送に転換した。〇一年の電波法改正に伴って、アナログ放送からの「地デジ」化に着手し、総務省、民放、NHKが手を携えて十年がかりで取り組んだ結果だ。*

一九五三（昭和二八）年のテレビ放送開始時から採用されて来たアナログ放送は、受信の遅延がなく、チャンネルの切り替えが早いなどの利点もあった。しかし、多くの周波数帯を使うという欠点があった。携帯電話の普及などを背景に、有限な電波を効率的に活用する観点から、デジタル放送への転換が促された。

放送データをデジタル信号へ変換し、圧縮して送るデジタル放送は、周波数帯の必要量を抑えられるうえ、ノイズに強く、複製をブロックする仕掛けも出来る。ただし、「地デジ」化の実現には、全国の約四千八百万世帯にある一億台余りのアナログ受信テレビをデジタル対応テレビに買い換えてもらう必要がある。もちろん、テレビ各局もデジタル化に対応した送信設備に一新しなければならない。また、移行期間中はこれまでのアナログ放送と新しいデジタル放送を同時に提供（サイマル放送）する必要がある。十年がかりの大事業となったのはこのためだ。

〇三年一二月一日に、関東、中京、近畿の三広域放送圏からスタートした「地デジ」は、順次拡大していった。ＫＢＣがデジタル放送を開始した〇六年一二月一日には、全都道府県で親局の「地デジ」化が完成した。これにちなんで、毎年一二月一日は「地上デジタルテレビ放送の日」とされている。

「国策」として進められた「地デジ」化は、民放ローカル局にとって経営上の重い負担となった。ローカル局が「地デジ」化のために投じた総設備投資額は平均四五億円で、当時の平均年間売上高の八割に相当した。「地デジ」化の十年はちょうど、バブル経済崩壊から日本経済が長く立ち直れず、低迷が続く時期と重なった。さらに〇八年九月には米証券大手リーマン・ブラザーズの経営破綻を引き金とする世界的な金融危機「リーマン・ショック」が横波を浴びせた。「地デジ」化に伴う設備投資の減価償却がピークを迎えていたこともあり、ローカル局の経営は圧迫された。

＊「地デジ」化の完全転換の期限は、東日本大震災を受けて当初予定から一年延長された。

テレビ中継車はレンタルで

「地デジ」化の時期に、ＫＢＣの経営を担ったのは第十二代の権藤満社長である。前任の松本知則社長は株式市場への上場準備を計画し、ガバナンス体制の整備に動いていたが、〇三年三月に就任した権藤社長は支出構造改革を優先し、上場計画を白紙にした。新ビル建設と「地デジ」化の設備投資で積み上がった借入金を着実に減らすため、前例を踏襲することなく支出に大ナタを振るった。権藤はＫＢＣ創業の地である久留米市の生まれで、朝日新聞の経済記者出身。着任の前は新聞社で財務と購買を担当し、「数字に厳しい人」として知られた専務だった。

権藤がリードした支出改革で象徴的なのは、九州の拠点放送局なら保有して当然と誰もが思っていた大型のテレビ中継車を、更新しないと決めたことだろう。放送局はソフト中心の労働集約型産業ではあるが、同時にハードで高価な放送設備を必要とする装置産業でもある。番組や関連情報を送出するマスター（主調整）設備は放送局の心臓部ゆえに一〇億円を超え、局外での中継基地となる大型中継車は数億円規模となる。取材へリコプターも含め、毎年の決算に減価償却費が重くのしかかるうえ、十数年ごとに設備更新を迫られる。

〇六年に耐用期限を迎える大型中継車について、権藤は購入費、維持費と年間の使用日数、スポットでのレンタルの可能性など、基礎的なデータを示すよう現場に指示。技術部門からは「財務面だけでなく、培った技術の継承、技術者育成の観点からも考慮してほしい」と更新を求める声が根強かった。しかし、最低でも五億円を上回る見積もりの大型中継車について、権藤は更新見送りの判断を強いイニシアティブで下した。

大型中継車は〇七年から、必要に応じて大手制作会社や同業他社からレンタルする方式に転換した。十年後の一七年、レンタル転換後の十年間の実績を役員会でレビューした。大型中継車の出動はプロ野球やマラソンなどのスポーツ中継が主たるものだが、レンタル回数は十年平均で年間十五日足らず、これに費やしたレンタル料は平均で二二〇八万円という結果が出た。自社設備だったとすれば、稼働率は四％ということになる。レンタル料はもちろん、自社保有だった場合の減価償却費を大きく下回った。

思っていたよりも大型中継車の出動が減ったのは、自社保有でないために外部からの受託ビジネスを見送ったこともあるが、プロ野球中継では球場と本社を光ファイバーで結ぶ方式が主流となり、大型中継車なしのケースが増えたことが大きい。現場から指摘されていた「災害時に現場へ大型中継車を出す必要がある場合、レンタルでは即応できない」という懸念も、一〇年代半ば以後、携帯電話回線を束ねて映像を送る技術が報道現場で一気に定着したことから、立ち消えとなった。災害報道などでは今後さらに、衛星インターネット接続サービスである「スターリンク」の活用も広がると見られている。

「地デジのスタート時には設備投資を最小限に抑え、出来るだけ次の世代に経営的負担は残さない」という権藤の経営方針は実を結んだ。「地デジ」化に伴うKBCの累積設備投資額は八〇億円弱で、当初見込みの一〇〇億円超を大幅に圧縮出来た。負担の重かった「地デジ」化を乗り越えると同時に、最大で九〇億円近くあった借入金を着実に返済し、権藤は「無借金」を実現した貸借対照表を後任の武内健二社長に引き継いだ。

中波ラジオをFMで補完

「地デジ」化完成のめどが立ったところで、民放の中波ラジオをFMで補完してはどうかというアイデアが出て来た。一一年三月一一日に発生し、甚大な被害をもたらした東日本大震災を踏まえたものだった。民放で四十七局ある中波ラジオの親局送信所は、うち十局が海岸沿いに、二十七局が海抜一〇メートル未満に立地しており、津波などに脆弱なことが指摘された。KBCラジオの親局である奈多送信所（福岡市東区）も、玄界灘を目の前に臨む海岸線に立地している。

総務省は一三年の「放送ネットワークの強靭化に関する検討会」で、中波ラジオの災害時の脆弱性を取り上げた。翌一四年一月には「中波ラジオ放送を補完するFM中継局」の制度整備案がまとまった。

ＦＭ補完放送は一四年一二月一日、ローカル局の北日本放送（富山市）と南海放送（松山市）から始まり、全国の民放中波ラジオ局に広がった。翌年に始まった東京の中波ラジオ三局での取り組みから、「ワイドＦＭ」の愛称が使われるようになった。

ＦＭ補完放送は既存のＦＭラジオ局の周波数帯域（七六・一ＭＨｚ～八九・九ＭＨｚ）とは違い、九〇・〇ＭＨｚから九四・九ＭＨｚの帯域を利用しており、従来の一般的なラジオ受信機では聴くことが出来ない。新たな帯域をカバーできる新型受信機「ワイドバンドラジオ」の普及が課題で、自動車メーカーに新型車への搭載を働きかけるなど、中波ラジオ局がこぞって「ワイドＦＭ」を売り込んだ。

ＫＢＣラジオは一六年三月二八日から、同じ福岡のＲＫＢラジオと歩調を合わせる形でＦＭ補完放送をスタートさせた。開始にあたって二局は記念番組「熱ラジ」を同時生放送して、「ワイドＦＭ」の浸透を図った。ＫＢＣラジオではこの日からジングルを改め、「ＡＭも、ＦＭも、ラジオはＫＢＣ～」とリスナーに呼びかけた。

中波は電波の到達範囲が広く、山影にも回り込んで聴こえるなどの利点があるが、建物内では聴こえにくく、雑音による混信の影響がある。放送局からすれば、中波の送信アンテナは水辺など広い敷地が必要なのに対し、ＦＭは山頂や鉄塔などに設置しやすい。長期にわたって経営が停滞していた中波ラジオ局にとって、「ワイドＦＭ」への取り組みは、体質改善に向けた一里塚でもあった。

全国にある民放の中波ラジオ四十七局のうち四十四局は二一年六月、共同記者会見を開き、二八年秋をめどに「FM転換を目指す」と宣言した。これは、中波ラジオ局がFMを「補完放送」でなく、「主たる放送」と位置付け直すという意味だ。もっとも、それぞれのラジオ局が抱える事情によって、現状の中波をどうするのかは一様でない。カバーする放送範囲の地理的特徴や既存設備の耐用年数も大きく影響する。

会見で「FM転換」に積極的なTBSラジオは、「早ければ二八年秋にも中波を停止し、FMに一本化する」と踏み込んだ。一方で、共同会見に名を連ねなかった北海道のHBCやSTVラジオ、秋田放送は、いずれも広いカバーエリアを持つ局だ。

KBCラジオは設備更新に合わせて二四年二月、福岡県東部の行橋中継局をRKBラジオと同時に、中波を停めてFMに移行した。ただ、親局である奈多送信所の位置付けなどは未確定だ。ラジオ免許の次の更新は二八年秋だが、ワイドバンドラジオの普及状況やリスナー、広告スポンサーの反応、他社の動向を見極める必要がある。いずれにしても、ラジオを取り巻く環境変化への対応は待ったなしになっている。

テレビのマスター更新でネット配信対応

「地デジ」スタート時の設備投資を最小限で乗り切ったKBCだが、このためにテレビのマスター設備にサブチャンネル送出機能は盛り込まれなかった。サブチャンネルとは、地デジの利点を活かして、通常の番組（メインチャンネル）とは別に、画質は劣るものの並行して別番組を放送する機能である。NHKではプロ野球中継の時間が延長した際などにしばしば活用している。また、東京の独立局であるMXテレビはサブチャンネルを日常的に使っているが、ネットワーク系列に属する多くの民放テレビでは通常番組のスポンサーやキー局との調整が必要なこともあり、一般的に使われることはない。

ただ、KBCではサブチャンネル送出機能がないことで、新型コロナ感染が拡大した二〇年に一部の自治体から打診のあったサブチャンネルを活用した「在宅の小中学生向け教育番組」の放送について検討すら出来なかった（機能を持つ他の在福局も放送は実施していない）。防災情報のきめ細かい提供のためにデータ放送の機能充実が求められるようになって来たことや、インターネット向けのコンテンツ配信システムに対応するため、二二年に更新した新テレビマスターには、これらへの対応機能と合わせ、サブチャンネル送出機能を盛り込んでいる。

第十一章　模索し続ける新ビジネス領域

KBC のデジタル戦略はまず，看板番組のスマホ向けアプリから

「放送ビジネスは頭打ち」という指摘は、一九八〇年代半ばごろから、間欠泉が噴き出すように、時にひそやかに、時に声高に語られるようになった。九九年のとちぎテレビ（宇都宮市、独立局）を最後に、二一世紀に入って地上波テレビ局が一つも誕生していないことがそれを証明している。メディア環境を見渡せば、情報通信分野の構造変化は九〇年代に携帯電話とインターネットによって加速した。両者がハイブリッド（混交）したスマートフォン（スマホ）の「ｉＰｈｏｎｅ」（日本での発売は二〇〇八年）が登場したことで、人々のコミュニケーション、メディア接触そのものが大きく変わっていった。

この間、日本経済は九一年から九三年にかけてのバブル崩壊と、その後続く「失われた三十年」を過ごしてきた。日本の媒体別広告費で、平成の時代にトップを続けたテレビはついに二〇一九（令和元）年、インターネットに追い抜かれた。放送局も民間企業だから「ゴーイングコンサーン」。会社として将来に渡って継続していくとの前提に立てば、放送事業そのものの改革と「放送外」ビジネスの開拓は待ったなしだ。しかし、高度成長期のビジネスモデルに郷愁を引きずる中で、改革は容易でなく、新しいビジネス領域の模索が続く。

チャレンジはしてきたのだが

放送業界では年々、「放送外」ビジネスに対する掛け声が高まってきたが、それに反して具体的な成果は乏しい。本業である放送、とりわけテレビ事業が長年にわたって「おいしいビジネス」だっただけに、それに匹敵するような新規ビジネスが簡単には導けない。テレビ収入が二一世紀に入って漸減傾向にあるとはいえ、景気次第でスポット広告収入が一時的に回復したこともある経験から、「今のままでもなんとかなるのではないか」との甘さが根っ子にあるのは否めない。

ＫＢＣは創業時からテレビ事業が軌道に乗るまでの十年近く、自転車操業の苦しい赤字経営だったこともあり、様々な「放送外」ビジネスに早くから取り組んだ歴史がある。テレビ開局前年の一九五八（昭和三三）年には、家電販売を手がける「ケー・ビー・シー・テレビサービス」を福岡市内に設立している。テレビ放送を見てもらうには、まず家庭にテレビ受像機を置いてもらおうと始めたわけだ。十五年経って「ケー・ビー・シー電化興業」と名を改め、エアコンやキッチンなどの住宅設備販売に重心を移した。結局、八一年にのれんをたたんでいる。

小売業では、いったん軌道に乗ったビジネスもあった。楽曲管理の「ケー・ビー・シー音楽事業社」（七一年設立）が七八年から本社内で始めたレコード販売は、翌年には米レコード販売大手タワーレコードと提携して「タワーレコードＫＢＣ」の看板を掲げた。輸入盤を中心とした充実の品ぞろえが好評で、繁華街の天神に移転して店舗を拡充した。提携は十年で満了し、店名も「ＴＲＡＣＫＳ」と変えたが順調で、九五年には九億円近い売り上げを記録している。しかし、福岡市場に目をつけたＨＭＶ、ヴァージンそしてタワーレコードの外資系直営店が相次いで進出。過当競争となって収益が悪化し、九八年三月で店を閉じた。

ローカル局では、コンピューター技術関連の堅実なグループ企業を持つ例がある。在福でも、RKBがシステム構築やクラウドサービスを手がけるBCC（本社・福岡市、一九六六年設立）、テレビ西日本が放送局向けシステム会社のニシコン（本社・北九州市、六八年設立）を持ち、それぞれ連結決算の利益に寄与している。KBCも六〇年代に福岡市に本社を置く計算システム会社に出資したが、その後引き上げており、RKBやテレビ西日本のようにベンチャー企業を育成することが出来なかった。

七十年の歴史を経て、現在のKBCを下支えする唯一の「放送外」ビジネスは不動産事業というのが現実だ。

天神そばの好立地は偶然

福岡市の中心、天神の交差点から北へ歩いて五分余り。古代史に名を刻む「那の津口」交差点の西北角に、KBCの本社ビル群が立つ。高さ一六八メートルのテレビタワーを背に、九階建ての「KBCビル」と十一階建ての「新KBCビル」、その間に「スタジオ棟」、奥に四階建ての「KBC会館」が並ぶ姿は、表向き堂々たるものだ。

しかし、KBCビルを初めて訪れた放送業界関係者は一様に驚く。一階に警備員は立っているものの、入館を規制するセキュリティーゲートらしきものはない。エレベーターも共用だから、放送局には付き物の「視聴率トップ獲得!!」といった張り紙も見当たらない。そのわけは、「雑居ビル」だからだ。ここにはKBC本社だけでなく、食品メーカーや音響メーカーの福岡拠点も入居している。

全国の民放でも、本社ビルが独立しておらず、集中して入館規制をしていない局は極めて珍しい。セキュリティーの観点からは望ましいことではないのかもしれない。しかし、所有不動産の最適利用の観点から、テナント収入を重視した結果だ。床面積が約一万三〇〇〇平方メートルと最も広い新KBCビルは、全フロアに旅行、建設、不動産会社などが入居するテナントビルである。

KBCが不動産事業を本格的に手がけ始めたのは一九八〇年代半ば、日本がバブル経済で浮かれるその前だった。放送局の先行きに影が差し始めたころに着手した。想定外のコロナ禍で、二〇二〇年度の放送収入が大きく落ち込んだ際に、かろうじて営業黒字を確保できたのはこの不動産事業があったからにほかならない。KBCはこの年度、スポット広告収入の急落により、過去に例のない前年度比一五%の売り上げ減を記録した。経費も大幅に絞ったものの、放送事業だけでは営業収支はとんとん。不動産事業の貢献によってなんとか二億九八〇〇万円の営業黒字を計上し、配当収入などを加えて五億五二〇〇万円の当期純利益を確保した。

まさに虎の子ともいえる不動産収益の源泉は、本社の立地に尽きる。創業時の久留米市から、福岡市博多区中洲を経て、現在の福岡市中央区長浜一丁目に定まったのは、テレビ開局に合わせた一九五九年初めだった。そこは明治時代までは博多湾の浜辺。埋め立てられた土地で、手に入れた時は建設会社の資材置き場だった。傍らには博多港貨物駅に通じる国鉄の引き込み線が通っていた。近くに路面電車（西鉄市内線）の停留所はあったが、現在ある市営地下鉄の天神駅はまだなく、都市高速道路の天神北ランプももちろんない。当時の写真を見ると、街はずれの印象が深い。

ローカル局で本社の立地といえば、市街を見下ろす郊外の小高い丘というのが主流だった当時としては珍しい。テレビタワーの立地を第一に、広さに余裕があって入手しやすい土地を探していたら、ちょうど湾岸の長浜にいい出物があった、というだけのようだ。が、その偶然が四半世紀後に幸運をもたらし、さらにその三十五年後のコロナ禍の経営を救った。

ビル経営者が新社長に

八四年夏、在任中の柴田敏夫社長が急死して、ＫＢＣの九代目社長を継いだのは松本盛二だった。朝日新聞社の常務西部本社代表を経てグループの不動産会社朝日ビルディングの社長を務めていた。翌年の新年互礼会で「このままでは放送事業は赤字だ。どうするか、というのがこの一年の最大の課題だ」と危機感あふれるあいさつをした松本は、その答えとして八月の創立記念日に「新館建設」の方針を発表した。

常勤役員会では当初、松本の提案に誰一人賛意を示さなかったが、「金利は低い、建設資材は値下がりしている、地価は上向き出した。このタイミングを逃す手はない」との理路整然とした松本の説得に、最後は全員が賛成した。決まれば矢継ぎ早に、一二月にはもう着工している。

新館（現在のＫＢＣビル）は八七年三月に完成し、スタジオ棟も翌年三月に運用を始めた。総工費はビルが三〇億七〇〇〇万円、スタジオ棟が六億三六〇〇万円で合計約三七億円。大半が銀行からの借入金であり、ビルは自社利用を限定してテナント部分を捻出し、「雑居ビル」として不動産収入を最大化する策がとられた。バブル直前の「円高不況」時に自社ビルを完成させ、その後のバブルに伴う不動産価格の高騰で収益を上げるという、絶妙のタイミングだった。

本社とスタジオがあった旧ビルはしばらくそのままにし、ディスコクラブ「マハラジャ」などに賃貸してバブル全盛時を過ごし、十代目の涌井昭治社長は時期を待った。バブル経済の崩壊で建設コストが落ち着き、超低金利時代に入っていた九八年七月、十一代目の松本知則社長のもとで新ビルの建設に着手した。総工費は三二億五〇〇〇万円で、これも大半を銀行から借り入れた。翌年一一月に竣工した新ビルは全館が賃貸オフィスで、キーテナントとなったＪＴＢは四半世紀を経た現在も入居している。

こうした「目利き」の先達によって、偶然の土地が収益の基盤となり、現在のＫＢＣグループの経営を下支えしている。不動産事業はＫＢＣにとってなくてはならないビジネスだが、それが全国のローカル局のモデルになるわけではない。そもそも、安値で入手した（簿価が低い）土地が良い立地にあることが基本的な条件であり、ビル建設時の金利、コスト、不動産市況の見極めが欠かせない。

ＫＢＣでは常勤役員会で二〇一七年から五年間をかけ、「放送外」ビジネスを検討し続けて来た。しかし、「中長期的に、優先して取り組むのは不動産事業である」というのがその結論だ。現在地の「中央区長浜二丁目一番地一号」という利点を最大限に活かし、二〇三〇年代後半には、既存のビル群とテレビタワーが築後七十五年から三十五年を超えるので、一体開発の可能性も視野に入れながら、多様な選択肢と実施時期を吟味する必要がある。その収益利回りが、地域メディアとして百年企業を目指すＫＢＣの確実な支えとなるよう、周到に準備を進めていくことになった。

まずは投資のポートフォリオを

もちろん、不動産事業だけでなく、小規模ながら「放送外」へのチャレンジは続けている。第十三代の武内健二社長が素早く対応した太陽光発電は、北九州市にあるラジオ送信所の広大な敷地を活用して、二〇一三年から事業を始めた。民放では全国初となった。電力需給の関係から、能力をフルに発揮できないうらみはあるが、年間で平均七〇〇〇メガワットアワーを発電し、ＫＢＣグループに約一七〇〇万円の利益をもたらしている。

次の和氣靖社長になってからは、年度の予算策定時に「戦略投資」枠として年間三～五億円を確保し、二〇一八年から事業投資のポートフォリオを拡充している。九州大学発のＩＴベンチャーでＷｉＦｉ関連技術のピコセラ社やインターネットで動画配信サービスを展開するＳＨＯＷＲＯＯＭ社、都市型のシェアサイクル事業を展開するチャリチャリ社などに出資。バスの停留所をネットワーク化して様々な情報を提供する「スマートバス停」事業で、ＹＥデジタル、ドーガン、西日本新聞、九州博報堂と合弁で「マチディア」社を設立するなどしている。

ただし、これらの投資が日の目を見るのか、またそれぞれが軌道に乗っても不動産事業のように長期安定的に放送を支える存在になるかは、神のみぞ知るだ。

ラブストーリーは世界に通ず

放送業界では二〇一〇年代半ばに入って、既存の放送事業の価値向上と新しいビジネス・市場開拓が重なるフィールドとして、「海外」が注目され始めた。外国人がクールと受けとめる日本の魅力を積極的に発信していこうという政府の「クールジャパン」戦略が二〇一五年に動き出し、「放送コンテンツ海外展開支援」の追い風を受けて、ローカル局の中には官庁の採択事業に積極的に動くところも出て来た。

放送局が持つビジネス資産の中核は、放送免許を別とすれば、コンテンツ（番組）につきる。取材・編集力をバックにしたニュースや情報番組、企画・制作力が決め手のドラマやバラエティーは、一朝一夕にまねの出来ないものだからだ。それを、既存のチャンネルにとどめることなく、新たなマーケットに売り込もうというのは当然の流れだろう。日本のテレビ番組の海外「輸出」第一号は一九六〇年に米ハワイのKGMB－TVで放送された、東映が制作したNETの子ども向けテレビ時代劇「風小僧」*というから、その歴史は意外と古い（大場　二〇一七）。

ただし、政府が旗を振ったからといって、進むかどうかは別の話だ。かつて、テレビに押されて不振に陥った映画業界が国に支援を要請し、一九六六年に官民で設立した日本映画輸出振興協会を通じて「輸出適格映画」に融資を受けた前例もある。先に米国で人気を得ていたゴジラのひそみにならい、「宇宙怪獣ギララ」や「大魔神逆襲」などが対象となった。しかし「十分な成果を上げたものとは言えない」との総括で、七二年に仕組みそのものを終えた（谷川編　二〇一六）。公的な後押しを呼び水にしながらも、要はメディア自身の力で軌道にのせられるかどうかにかかっている。

KBCテレビは、自社制作ドラマの海外エアライン向け販売や国際交流基金を通じた海外での放送には力を入れて来た。二〇〇六年から毎年一本だけ制作するドラマ「福岡恋愛白書」シリーズが文字通りラブストーリーで、翻訳をつけさえすれば世界中の様々な国・地域の視聴者から共感を得られるという点も大きい。

二四年三月にKBCテレビと九州の各局で放送した一時間ドラマ「福岡恋愛白書　夏休みのヤンキーくん」が通算十九作目となった。博報堂DYメディアパートナーズとの共同企画で、視聴者から恋愛の体験談を募集し、それをもとに脚本化して、福岡県内でロケをしてドラマを完成させるというスタイルを一貫してとっている。東京から離れた九州のローカル局なので、予算と日数の関係もあって、キー局ドラマのような華麗なキャスティングは出来ない。しかし、このドラマが初主演で、将来大きく羽ばたくだろう若手俳優を起用することで配役に特色を出している。例えば、民放連賞ドラマ部門で優秀賞を受けた「福岡恋愛白書13　キミの世界の向こう側」（一八年）は、主演コンビが杉野遥亮と奈緒で、二人はその後、映画やキー局ドラマで大活躍している。

「福岡恋愛白書」は当初、系列のローカル局やサンテレビ（神戸市）などの独立局に番組販売し、放送地域を広げていた。しかし一八年以後は順次、民放業界で取り組むインターネット動画配信プラットフォーム「ＴＶｅｒ」や、契約者向け動画配信サイト「Ｈｕｌｕ」「Ｕ―ＮＥＸＴ」「Ａｍａｚｏｎプライムビデオ」などでの配信を拡大している。

＊　三十分のフィルム番組で、出演は目黒ユウキ（現・目黒祐樹）、山城新伍など。ＮＥＴでのテレビ放送は一九五九年。

高校バスケは地上波と動画配信をミックス

既存のテレビ、ラジオとインターネットをどう組み合わせるかも、新しいビジネス領域を開拓するうえで課題だ。

福岡県は全国的に見ても、高校バスケットボールの強豪校がひしめいている。毎年末のウィンターカップでは、県大会の男子決勝で優勝を争った福岡第一と福大大濠が、全国大会の決勝でも相まみえる展開があるほどだ。ＫＢＣテレビは二一年から、県大会の男子決勝を生中継している。テレビ番組としての個人視聴率は一％台にとどまっているが、ユーチューブを通じた動画配信は二八万アクセスに達するなど、若者世代を中心に人気を集めている。

ユーチューブでは、動画の制作側でＣＭを入れることは出来ない。しかし、高校バスケの競技団体の先生方から理解を得て、コートの四周に番組スポンサーの広告ボードを設置した。試合の中継画面では常時、コートのボードが映りこむ。広告主にはテレビだけでなく動画配信の影響力も考慮して広告料金をお支払いいただくことで、生中継番組が成り立っている。

ＫＢＣテレビは二四年現在、テレビ朝日系列の特徴としてシニア層の視聴者を多く獲得しているものの、若者や女性層からの支持が十分とはいえない。これらの層の掘り起こしに力を注いでいるが、テレビ番組の枠だけにとらわれていては、営業面で袋小路に入る。地上波テレビとインターネット動画配信の組み合わせは、その解の一つだ。

キー局のテレビ朝日は、プラットフォームとして地上波テレビと動画配信の二刀流でビジネスを展開している。動画配信ではオリジナルコンテンツの「ＡＢＥＭＡ」[＊]と、地上波番組のアーカイブとアジアの番組を主とする「ＴＥＬＡＳＡ」[＊＊]がある。しかし、ローカル局のＫＢＣに自前の動画配信プラットフォームを構築する力量はない。ゲリラ戦で戦うのみだ。

＊　テレビ朝日とインターネット広告会社「サイバーエージェント」の共同出資。系列局は出資に

加わっていない。

＊＊　テレビ朝日とＫＤＤＩの共同運営。

ネット時代をどう生き抜くか

携帯電話の端末にテレビ番組を届ける「ワンセグ」は、地上波テレビのデジタル化に伴って〇六年からサービスを始めた。「地デジ」化で放送帯域の一部（一三セグメントのうち一セグメント）を利用しているから、ワンセグという。しかし、スマホの主流が日本では〇八年に発売開始されたｉＰｈｏｎｅとなり、ワンセグ機能が搭載されていないことから、その影は薄まるばかりだ。二四年現在も「地デジ」の一環として「ワンセグ」は存在するが、その受信は自動車に搭載されているテレビや一部のスマホ端末などに限られている。

一方で、携帯電話は「ガラケー」からスマホ化し、インターネット接続が当たり前になった。通信インフラも高速、大容量、低遅延の５Ｇ（第五世代）に移行し、スマホの普及に拍車がかかった。

インターネットを経由して個人のスマホに民放の番組を届ける取り組みは、ラジオ局が先行した。大阪と東京のラジオ局を中心としたＩＰサイマルラジオ協議会が一〇年三月、「ｒａｄｉｋｏ」の実用化試験をスタート。同年一二月には株式会社化して事業を本格化させ、ＫＢＣラジオを含む全国のラジオ局に参加の輪が広がった。一四年には、各局の番組を放送エリア外でも聴くことが出来る「エリアフリー」サービスが導入され、二〇年九月からは、中波、短波、FMの別を問わず、すべての民放ラジオ局が参加するまでになった。

放送エリア外からのアクセスは有料のプレミアムサービスだが、KBCラジオは福岡県だけでなく、佐賀県でも無料で聴くことが出来るよう、地元自治体とともに働きかけ、二一年一二月から実現している。

テレビでは東京キー局がそれぞれ独自にインターネット動画配信に取り組んできたが、業界あげての公式ポータル「TVer」は一五年一〇月に立ち上がった。まず、ドラマやバラエティー番組を見逃した人向けに無料配信サービスを始めた。「イノベーションのジレンマ」で指摘される既存ビジネスとのカニバリズム（共食い）を恐れ、台頭するインターネットへの取り組みに二の足を踏んでいた民放業界も足下に火が着いた形だ。

スマホ対応は「アサデス。アプリ」で

KBCでも一〇年以降、十三代の武内社長と続く和氣社長の下で、インターネット対応の検討が続いた。二人はいずれも、朝日新聞の経済記者出身でデジタル担当役員を経験していた。社内には「ローカル局の力量で、いまさらインターネットに乗り出してビジネスになるのか」と慎重な声もあった。そこを一歩踏み出したのは、スマホ向け「アサデス。アプリ」の立ち上げだった。

「ローカル局のポータル・アプリは埋没する」との否定的な意見に対し、局ではなく、人気番組である「アサデス。ＫＢＣ」のアプリとする設計で、一九年四月にサービスを始めた。プラットフォームは日本テレビ系の南海放送（松山市）が開発し、民放他社にも開放していたものを活用した。系列を超えて、ローカル局が生き残る策を探ろうという動きが後押しした。

サービス開始から五年で、アプリのダウンロード数が三六万を超え、属性を登録するユーザーは七万五〇〇〇、一日当たりのアクティブユーザーは二万六〇〇〇に達した。毎月、その規模を着実に大きくし続けている。「アサデス。ＫＢＣ」の番組関連情報に加えて、連動するポイントの発行、歩数計機能などを順次加えているほか、ラジオ番組やスピンオフの音声コンテンツを届けるポッドキャストの入口も新設した。また、ＫＢＣの様々な番組で紹介した地元のグルメやイベント、週末のお出かけ情報などが一覧できる「ジモタイムズ」など、コンテンツを充実させ続けており、当初の番組アプリから局のポータル・アプリに成長しつつある。

「アサデス。アプリ」の中でも、チャレンジングな取り組みが二〇二二年四月からサービスを始めた番組のリアルタイム配信「どこでもアサデス。」だ。平日の朝六時から八時までテレビと同時にインターネットを通じて配信している。在福の視聴率で週間トップテンの常連となっている人気番組だが、朝のあわただしい時だけに、二時間ずっとテレビの前で視聴する人は多くない。視聴の途中で通勤、通学のために家を出て、鉄道やバスに乗った際にもスマホで番組を見続けてもらいたい。そんな思いからサービスを始めた。もちろん、テレビ番組のタイムスポンサーにプラスアルファの価値をお認めいただき、タイム料金単価を引き上げたいとの狙いもあった。

苦肉の著作権対策は「生フタ」

スマホのアプリを入口に、「アサデス。ＫＢＣ」をリアルタイム配信するにあたって、直面した課題は著作権対応だった。多くの素材映像は地上波テレビでの放送に限定して、著作権者から許諾を得ている。このため、インターネット配信となると新たに許諾を得る必要がある。この点で、朝の情報ワイドに欠かせないスポーツや芸能関係が一筋縄ではいかない。例えば、プロ野球シーズン中のホークス戦は、ホームゲームについては球団の理解が得られたが、ビジターゲームは主催の相手球団によっては許諾を得られないケースがある。「アサデス。ＫＢＣ」の人気コーナーである「スポーツキラリ」で、地上波テレビでは放送される試合経過の映像に、ネット配信では「著作権の事情により配信できません」とフタをかぶせざるを得ない。

スマホのリアルタイム視聴では、数秒のフタでもユーザーは離れる。これを回避するために、ＫＢＣでは「業界初か？」と銘打って、「生フタ」なるものを開発した。これは、フタすべき映像のタイミングで、番組アシスタントが顔出ししてことわりのフリップをかかげつつ、映像の内容を口だてで伝える紙芝居のような形だ。泥臭いが、ユーザー離れを食い止めて、十秒程度で復帰するフタなし映像につなぐことが出来る。ネット配信にかかわる著作権処理の仕組みがスマートに整備され、何年後かには笑い話になっているかもしれないが。

映画館を持つ放送局

ＫＢＣ本社とは通りを挟んだ向かい側に、カマボコ屋根の映画館「ＫＢＣシネマ」がある。九州では数少ない、大手興行会社系列に属さない独立映画館として、映画ファンに根強く支持されている。百八席の「シネマ１」と八十席の「シネマ２」の二つのスクリーンしかない、こじんまりとした映画館だが、宮定貴子支配人が内外の製作・配給元から直接買い付ける「渋い話題作」の上映で、黒字経営を維持して来た。二〇年から二三年の「コロナ」期間中も、いく度かの休館を余儀なくされたが、なんとか持ちこたえた。

全国の民放でも、映画館を経営している局は珍しいだろう。ＫＢＣが映画館を開いたのは一九八八年六月のことで、本社が新社屋（現在のＫＢＣビル）に移転して空室となった旧社屋の一階を改装し、八十席の「ＫＢＣシネマ北天神」としてスタートした。前後して、旧テレビスタジオを活用してディスコクラブ「マハラジャ」もオープン。ＣＤショップの「タワーレコードＫＢＣ」と合わせ、八〇年代末のバブル景気の波にも乗って、ＫＢＣのある「北天神」の一角は若者文化の発信地としてにぎわった。

旧社屋が新ＫＢＣビル建設で解体されるのに伴い、シネマは九八年にいったん幕を閉じた。しかし、継続を望む映画ファンの声に応える形で、閉館から七か月後に筋向いの新たな建物で再び営業を始めた。もちろん、「放送外」の不動産関連ビジネスとして収入の幅を広げる経営陣の狙いもあったが、地域文化発信でＫＢＣブランドを高めようという思いも強かった。

二一世紀に入ってＫＢＣシネマには、シニアのコア映画ファンだけでなく、インターネット動画配信に飽き足らない若者も足を運ぶようになって来た。大きな画面と音量で、お金を払って好きな映像を楽しみ、時間と空間を友人らと共有する。それは、地上波テレビとも、スマホの動画配信とも違う、コンテンツの提供先といえる。

ＫＢＣのテレビスポットでは、あまりなじみのない欧州やアジアの映画紹介が思いがけず流れることがしばしばある。すべて、ＫＢＣシネマの上映作品だ。ラジオ番組にはシネマの支配人が出演して、買い付けたいきさつや作品への思いを語る。全国のテレビ局が制作したドキュメンタリーの映画版を、大画面で上映する機会も増えており、制作にあたったプロデューサーや監督を舞台に呼んで、解説付きの上映会も企画されている。

小さな映画館ではあるが、放送局が持っている意味を常に意識しながら、三十年余の歴史を重ねている。

第十二章　ローカル局の生き残りとは

「ふるさと Wish」では毎週，自治体ごとにポスターを作る

二〇二〇（令和二）年から二二年まで、世界的に広がった新型コロナウイルスの感染は、もちろん日本の放送局にも大きな打撃を与えた。各局の二〇年度の放送収入は、それまで経験したことのない落ち込みを見せ、ＫＢＣも前年度比一五％減を記録した。キー局は番組制作費を絞り、各局ともに経費削減でなんとかしのいだが、ローカル局では最終赤字も相次いだ。「コロナ」期間中は自宅にとどまる人が多く、テレビ視聴率が高まるという現象も起きたが、それは広告単価の上昇や広告そのものの増加につながらなかった。コロナが明けても、放送事業の収入がコロナ前の水準に戻ることはなく、とりわけローカル局は存続をかけた「次の一手」を迫られる状況となった。

実は定義なし

「ローカル局の戦後史」を書いているのだから、ローカル局の定義は自明のことだろうと思われるかもしれないが、実はそうでもない。そもそも、放送局に免許を付与する根拠となる関係法には、東京キー局とその他を分けるような定義はない。県域またはそれ以上の広域で放送する事業者に、経営規模の大小による区別はない。

だから、日本テレビやＴＢＳテレビ、テレビ朝日、フジテレビ、テレビ東京といった東京キー局も、制度上は一放送事業者に過ぎない。ただし、テレビ放送免許が原則として県域である中で、ＭＸテレビを除く在京局は「関東」（一都六県）が放送区域であり、「近畿」（二府四県）、「中京」（三県）とともに、例外的に広域圏として認められている。*

市場規模からして、東京、大阪、名古屋に本社を置くテレビ局の実力は頭抜けている。もともとは、独立したテレビ局による「連合」的な色合いのあったテレビネットワークは、時間の経過とともに、全国紙と密接に結びついた東京キー局による「中央集権」的な五系列へと性格を変えた。

民放連の経営分析資料などでは、テレビ局は「東名阪」と「系列ローカル」「独立局」の三つに分類されている。** これに従えば、KBCは「系列ローカル」に属することになる。KBC七十年の歴史を振り返りつつ、「ローカル局の戦後史」を概観しようとする本書でも、ローカル局とはまず、各系列に属する県域テレビ局（ラジオ兼営を含む）としてとらえていることになる。

もっとも、実際にKBCのテレビ電波が届く範囲は福岡県だけでなく、佐賀県の大半、さらに下関市など山口県西部、大分県の日田市や中津市、長崎県の対馬や壱岐、雲仙までと広い。ラジオにいたっては、出力が五〇キロワットに増力され、九州は言うに及ばず、中国・四国各県にまで届いている。また、社名が創立時から九州朝日放送であることから、広域局と誤解されることもないではない。

もちろん、「限定的な地域をカバーする放送局」をローカル局と呼ぶなら、系列に属さない地上波テレビの「独立局」やラジオ単営局もそうだ。さらに、市町村単位のコミュニティーFM局、ケーブルテレビの中でも自社制作の地域情報番組に注力している中海テレビ（米子市）も含まれるだろう。

＊　鳥取県と島根県、岡山県と香川県のテレビ局は相互乗り入れの「合区」方式となっている。

＊＊「独立局」とは関東、近畿、中京の広域圏の下で、ネットワーク系列に属することなく独立経営している、テレビ神奈川、サンテレビ（神戸市）、三重テレビなどの県域局を指す。

歴史的経緯とブロックとの関係

テレビ朝日の前身であるＮＥＴと朝日新聞社による全国テレビネットワークの形成は、他のキー局に比べて遅れをとった。ＫＢＣを除いて、九州・山口でテレビ朝日のネット局が誕生したのは、一九八二（昭和五七）年一〇月の鹿児島放送の開局からのことで、その後、平成に入って相次いで免許が認められた「平成新局」の五局が勢ぞろいして、ブロックのネットワークが出来上がった経緯がある。＊

ＫＢＣはこれらの新局が出来るまで、九州・山口の全域で報道取材活動を行っており、各地に契約カメラマンを置いていた。新局の立ち上げに際してはテレビ朝日とともに技術、報道、人材面で応援した。系列で「九州・山口・沖縄ブロック」が形成された後は、ブロックの幹事役を務めて来た。二〇二四年の春現在、平日朝の九時五五分から三十分間放送している情報番組「アサデス。７（セブン）」は、ＫＢＣテレビを発局に七局で共同制作している「ブロックネット」番組である。また、ＫＢＣが運用するヘリコプターによるブロック地域の取材や南海トラフ災害を想定した共同訓練など、ブロック局間の結びつきは他系列に比べても強く、固い。

実は、ＫＢＣの古い内部文書をひも解くと、ブロックの新局との間で資本関係を強めようとする、いわば「大ＫＢＣ構想」が二〇〇〇年前後にあったのは確かなようだ。しかし、構想は具体化せず、お蔵入りとなった。ＫＢＣの常勤役員会で一八年六月、認定放送持株会社化の議論を始めるにあたって、「放送事業で規模のメリットを求める前提はない」と明確に否定している。

＊　五局は開局順に、熊本朝日放送（一九八九年）、長崎文化放送（九〇年）、大分朝日放送（九三年）、山口朝日放送（同）と琉球朝日放送（九五年）。このほかにブロックには、テレビ宮崎（七〇年）がフジテレビ、日本テレビとのクロスネット局としてある。いずれも、ＵＨＦ局として誕生している。

何のために持株会社化するのか

認定放送持株会社体制というのは、持株会社が複数の放送免許会社を傘下に置くことが出来るという制度ではある。しかし、ＫＢＣがこの制度を導入したのはあくまで、福岡・佐賀両県で地道に取り組んでいく「地域戦略」の推進が主眼であり、ローカルの範囲を九州全域に広げるような考えとは相容れない。例えば、ＫＢＣの旗艦番組である「アサデス。ＫＢＣ」は、福岡・佐賀のナマの地域情報に徹することで視聴者の強い支持を得ているが、ブロックにネットしてカバー範囲を九州全域に広げれば、各地にも配慮せざるを得ず、その特色は薄れる。ブロック対応は別番組の「アサデス。７」に分けているのはこのためだ。

ＫＢＣは四年にわたる役員討議を踏まえ、二二年三月に認定放送持株会社体制への移行準備を対外発表した。これに先立つ形でちょうど、テレビ朝日が総務省の放送制度の在り方検討会に「放送エリアを超えた系列局統合（ブロック統合）」の考え方を提案していたため、業界関係者の中には「平仄を合わせた動き」と見る向きもあった。しかし、テレビ朝日の提案とＫＢＣの計画に、いささかの関係もない。ＫＢＣはテレビ朝日株を三・一％、テレビ朝日はＫＢＣ株を四・〇％それぞれ保有しているが、経営戦略の立案過程で意見を交換することはなかった。

テレビ朝日の提案に応える形で、「ブロック統合」に向けた放送法の改正は翌二三年五月の国会で成立している。ローカル局ごとに異なる番組表に基づいて放送するという原則が緩和され、県域を越えて共通の番組表が認められる。ブロックの主幹局が各局のマスター機能を束ね、設備的にも人的にも効率化し、厳しさを増すローカル局の経営を維持しようというのが狙いだ。

一方で、ＫＢＣの体制移行はあくまで、地域戦略の徹底とグループ一体化による「地域をプロデュースする企業集団」への進化を目指したものだ。時を経て、二三年四月一日に「ＫＢＣグループホールディングス」と新しい「九州朝日放送」が発足したころには、業界関係者の誤解も解けたようである。日本テレビ出身で札幌テレビの根岸豊明元社長は、著書『テレビ局再編』の中で、テレビ朝日の提案の背景を「東北地区をイメージしたものと受けとめた」と評し、ＫＢＣについては「認定放送持株会社を設立し、独自色を強めている」と言及している（根岸　二〇二四）。

未来を切り開くのはローカル局自身

キー局がネットワークを維持するために、経営が厳しくなるであろう系列ローカル局をどう救うか。それは、キー局の立場からすれば、正しい課題設定だろう。

テレビ朝日の提案とは別に、フジテレビは認定放送持株会社が保有できるローカル局数の上限撤廃を提案した。放送局に関しては特定マスメディアの支配力が強まりすぎることを懸念し、「マスメディア集中排除原則」が出資比率や出資局数、役員兼務の制限で維持されてきた歴史がある。フジテレビの提案は、持株会社ならば「出資三分の一超から二分の一まで」は可能と緩和されていた、その出資局数の上限を撤廃するよう求めるものだった。総務省は二三年三月の省令改正により、上限撤廃を認めた。

テレビ朝日とフジテレビの提案、それに対する総務省の迅速な対応によって、キー局はネットワーク再編のための選択肢を広げたことになる。ただしそこには、ローカル局自身がどう生き残るか、そのためにどのような支援が必要か、何より地域の視聴者がローカル局に何を求めているのか、という課題設定が置き去りにされたままだ。

二〇年代に入って、地域の金融機関再編とテレビ局再編は似ていて待ったなしだという声が、東京のエコノミストや政策立案関係者から聞こえるようになった。しかし、地方銀行とローカル局が決定的に違うのは、地銀にはテレビのキー局にあたる存在がないことだろう。地銀の将来を切り開くのは自分自身であって、金融庁が青写真を描いたり、強い指導をしたりしても、責任はあくまでそれぞれの地銀にある。一方で、ローカル局の多くはネットワークでキー局に番組面、営業面でも多くを依存してきた。将来の生き残り策までキー局に委ねていては、地域の視聴者から支持されるはずはないだろう。

ＫＢＣのように昭和二〇年代にラジオ局からスタートし、後にテレビ兼営となったローカル局の多くは、「ベンチャー企業」として立ち上げの苦労を経験している。しかし、テレビがビジネスになると分かってから参入した昭和三〇年代半ば以降のテレビ局は、県域の市場規模を免許局数で割り算した収入が確保され、キー局への依存を高める形で「ハッピーなビジネスモデル」を享受してきた。

もちろん、稼ぎ頭のスポット広告収入は好不況に大きく左右されるし、「地デジ」化に伴う「降って沸いた」設備投資もあったが、陰に陽にキー局から手厚い配慮を受けて来た。しかし、インターネットの台頭で地上波テレビが広告媒体トップの座を明け渡すようになり、キー局にもかつての余裕はなくなってきた。これまでの延長線でローカル局の経営が立ち行かないだろうことは、誰の目にも明らかだ。

角栄の理念と手法は成ったが

郵政省のテレビ電波割当計画は一九八六（昭和六一）年に修正され、「全国における受信機会平等を図る」基本方針に沿って、各県での民放テレビ四局（四系列）化が進められていった。それは、田中角栄が旗を掲げた「地方にもテレビを」という理念と、これまた田中が推進した「全国ネットワークの完成には新聞社系列を使うしかない」との現実論が実を結んだ結果といえる。

「平成新局」は順次開局したものの、系列に属するローカル局は九七（平成九）年四月のさくらんぼテレビジョン（山形市、フジテレビ系）と高知さんさんテレビ（同系）で打ち止めとなった。県域では三局、四局で分け合うだけの市場がないと判断されたり、衛星から全国をカバーするキー局のBSテレビが二〇〇〇（平成一二）年にスタートしたりしたことも影響しているのだろう。

人口が多くないのに四局化が実現した東北の岩手、山形、九州の長崎といった各県のテレビ局は、二局体制が維持された山梨、福井、宮崎、三局体制の青森、秋田、富山、高知、山口、大分、沖縄各県のテレビ局に比べて、一般論としていえば経営環境が厳しい。

新潟の村から三国山脈を越えて上京し、首都で力を得た田中角栄の願いは、地方と東京を道路と新幹線でつないで列島を改造するとともに、東京のテレビが同じように地方でも見ることができるようにすることだった。それは、中央集権のテレビネットワークの考えと親和性を持つもので、四系列を確立した「全国紙」と呼ばれる新聞社の利害とも一致した。

しかしそこには、ローカル局が地域のメディアとしてどのような役割を果たすのか、という問いかけはなかったように見受けられる。田中角栄を乗り越えて、ローカル局自身が何のために存在し、拠って立つ地域とともにどう歩むのかがいま問われている。

ＫＢＣでは「地域戦略」を推し進めるため一八年から、系列が異なる南日本放送（ＴＢＳ系）、南海放送（日本テレビ系）と現場同士で勉強会や交流会を重ねている。もちろん、経営的に三社が組むというようなことではなく、それぞれの経験を持ち寄って、それぞれがローカル局として地域で生き残るための方策を探っている。

ビジネスモデルの衰退では、テレビ局の十年先を走っているといわれてきた新聞社では、「全国紙」が規模のメリットを失う一方で、地方紙の中には地域情報をカギとした「地域コングロマリット」として生き残りを図る動きも見られる。今後十年のうちに、ローカル局それぞれの地力が試されるのではないだろうか。

終　章　地域とともに、百年企業へ

福岡・天神から見たKBCのビル群とテレビタワー

ＫＢＣの七十年史もようやく現在にまでたどり着いた。災害が続く二一世紀の日本で、ＫＢＣは防災への取り組みを入口に、地域で「住民の命と暮らしを守る」ことから地域戦略を具体化させた。その先に、情報を通じて地域を盛り上げ、その課題を解決することを通じて、「地域をプロデュースする」企業集団への進化を目指している。もちろん、それはＫＢＣのやり方に過ぎない。ローカル局にはその数だけ、未来に向けた道がある。「ローカル局の戦後史」は、一九四五年八月一五日の終戦以来、日本がずっと「戦後」だったから名づけることができた。ローカル局が苦境を自ら克服して生き残ると同時に、戦争のない日本が続くことで、今後も同じ題名の回顧録が続くことを強く願う。

経営計画の一丁目一番地

ＫＢＣの経営陣は二〇一七（平成二九）年に八か月間の議論をへて、「中期経営計画（中計）二〇一八～二〇二二」を作った。それまでの計画が「長期」と呼ばれながらも、実質的に前年実績を翌年へと上書き、修正を繰り返すスタイルだったのを改め、五年後の目標を明確にして、その道筋を具体的に示す形に変えた。

ＫＢＣのミッションは「地域の人びとに、価値ある情報コンテンツを届け続ける」ことであり、計画最終年にありたい姿は「地域とともにあるナンバーワンメディア」と決めた。それを実現する柱として、①地域との共創、②コンテンツの強化、③外部とのコラボレーション、の三本を掲げた。

「地域との共創」を裏打ちする地域戦略は、中計の一丁目一番地と位置付けられた。戦略の狙いを、①地域住民の命と暮らしを守る　②地域の新たな活力をともに創る　③地域に寄り添ったコンテンツ作りとセールス展開、の三点に絞り、具体的なアクションプラン（行動計画）として次の四項目を示した。

1　福岡県内の全六十市町村を対象に「ふるさと応援企画」を展開する
2　災害時への備え、防災に向けた取り組みをする
3　地域活性化のためのネットワークを構築する
4　ケーブルＴＶ、コミュニティーＦＭなど地域メディアとコラボする

アクションプランに沿って、二〇一八年度に着手したのが「ふるさとＷｉｓｈ」である。ＫＢＣのテレビ、ラジオの自社制作番組をフル活用し、一つの自治体に焦点をあて、その情報を一週間ぶっ通しで発信する企画だった。南日本放送の取り組みにヒントを得て、アイデアを膨らませた。社内からは賛同の一方で、「人口の少ない町村まですべてというのは効率的でない」「アサデス。など既存の番組構成がゆがめられるのではないか」との懸念や、「そもそも、そんなこと出来るのか」という懐疑の声も上がった。

社長室長として中計の取りまとめ役だった大迫順平（のち取締役）が、地域戦略を実行する新設ポスト「地域共創ゼネラルプロデューサー（ＧＰ）」に指名され、立案者から実行者となった。既存のタテ割り部局に横串を刺す権限を与えられた大迫ＧＰは、現場を納得させるため、同年六月に朝倉市、九月に那珂川町（市制移行の直前）を対象に、トライアル版「ふるさとＷｉｓｈ」を実行。市内のユニークな人や歴史、お店や特産品など一週間で五十以上のネタをテレビの「アサデス。ＫＢＣ」やラジオの「ＰＡＯ～Ｎ」など各番組に振り分けて放送するスタイルを確立した。

トライアルの手応えを踏まえ、経営陣は「戦略投資予算（五億円枠）」から「ふるさとＷｉｓｈ」に期中ではあるが年間約一億円の支出を承認した。翌一九年の年明けから、正式にスタートすることになった。

「Ｗｉｓｈ」スタートは創業の地より

ＪＲ久留米駅と西鉄久留米駅を結ぶほぼ真ん中、六ツ門の周辺は古くから久留米の中心街である。千五百人収容のコンサートホールを備えた市の複合文化施設「久留米シティプラザ」前からの中継で、「ふるさとＷｉｓｈ　久留米市」が始まった。プラザの建つ場所はかつてデパート旭屋のあったところ。その屋上で産声を上げたＫＢＣにとって発祥の地である。そこから「ふるさとＷｉｓｈ」は歩み出した。

以来、年末年始を除いて切れ目なく、毎週の放送が続いている。三年（巡）目に入った二一年四月からは、対象を福岡県内六十市町村に加え、KBCのテレビ電波が届く佐賀県の全二十市町にも拡大。週ごとに一自治体では一年で一巡出来なくなったので、河川流域や交通圏で複数の自治体を組み合わせるケースなど工夫している。テレビで人気の完全アポなし旅番組の「前川清の笑顔まんてんタビ好キ」も節目のＷｉｓｈには連動して、その市町村でロケを行い、ＫＢＣ一丸となって盛り上げている。

「ふるさとＷｉｓｈ」は地域貢献企画であるが、同時に新たなビジネス、収入増を目指す戦略投資事業でもある。実質的に初年度となった一九年度は当然赤字だが、二年目には収支均衡、三年目からは事業として黒字転換を目標とし、実績はクリアした。もちろん、一五〇億円規模のテレビ広告収入に比べれば数％にすぎないが、「ふるさとＷｉｓｈ」に紐づく収入はゼロからスタートして二三年度には四億円を超えるまでになった。

ＫＢＣのテレビやラジオでは、「〇〇〇（企業名）は、ふるさとＷｉｓｈ×××（自治体名）を応援しています」というスポットが頻繁に流れる。これらの協賛企業には地場の中堅・中小企業も多く、これまでのセールスではご縁のなかった広告主にすそ野が広がっている。

まずは自治体と防災協定を

「ふるさとＷｉｓｈ」は自治体の協力なしでは成り立たないが、その道を開いたのは同時並行で進めた防災への取り組みだった。一九年一月、ポストが新設された「防災ネットワーク主幹」にアナウンス部長だった太田祐輔が専任で任命された。太田は夕方のニュース番組のＭＣを長く務め、視聴者から親しまれており、防災士の資格も持っていた。

太田は福岡・佐賀の八十市町村をくまなく回り、市役所・役場の防災責任者と関係を深め、各自治体にＫＢＣと「防災ネットワーク協定」を結ぶよう促した。協定は、災害発生時の情報発信で当該自治体とＫＢＣが「住民の命と暮らしを守るため、ともに使命を果たす」という、取り組み姿勢を確認する性格のものである。それを受けて、防災責任者と太田がホットラインを構築し、関係者が一堂に集まって意見交換する「防災ネットワーク会議」を年二回のペースで開くなど、具体性を伴うものでもある。

防災協定は福岡県柳川市を第一号に、約二年かけて八十市町村すべてに出向いた和氣社長が首長と直に面談し、それぞれ締結式を行った。多くの市町村では防災協定の締結に合わせて、その自治体の「ふるさとＷｉｓｈ」が放送されることになった。

政令指定都市は別として、福岡や佐賀の自治体で放送局と防災協定を結ぶ前例はなかった。しかし、東日本大震災を受けて茨城放送（水戸市）が茨城県内の自治体との間で締結した防災協定の「前例」を紹介することを通じ、順次理解を得ていった。福岡と佐賀では一六年に熊本地震を経験し、一七年には筑後地方で線状降水帯による豪雨被害に見舞われていたことから、自治体の首長や職員が防災に強い関心を持っていたことも後押しした。

防災協定の締結後、現地での会見で新聞記者から「ＫＢＣは協定を結んだ自治体とそうでないところで対応に差をつけるのか」「自治体と協定を結ぶことで、メディアとして権力監視が出来るのか」という質問も出た。和氣は「ＫＢＣとして災害対応で差をつけることは毛頭ない。しかし、締結自治体とは日ごろから現場間で密接なコミュニケーションがとれると思うので、より役立つ情報発信が出来るのではないか。それに、そう遠くない時期にすべての自治体と締結できると思う」「住民の命と暮らしを守るために、自治体とローカル局がそれぞれの責任を果たすのは当然で、協定を結んだからといってＫＢＣの報道姿勢にいささかの変わりはない。全く想定していないが、万一懸念される事態となったら、みなさんがＫＢＣを批判して下さい」と答えた。同様の質問は一九年六月、和氣が事例紹介者として出席した総務省の「放送事業の基盤強化に関する検討分科会」終了後にも、全国紙の記者から投げかけられた。

パートナーを巻き込んで

前例のない取り組みに、内外からの懸念はある意味当然だが、実践を通じて着実に理解を得るしか道はない。防災協定については自治体とは別に、通信事業者であるＮＴＴ西日本九州支社とＮＴＴドコモ九州支社との三社間でも締結した。ＫＢＣの取り組みを両社が評価して、その輪に加わった形だ。

ＫＢＣが実施する小学生らを対象にした「防災出前授業」に、両社から協賛を得たり、通信技術面で支援を得たりしている。水害を経験した筑後川下流の柳川市立六合小学校と上流の八女市立星野小学校を結んでバーチャル防災教室を実現したのはその一例だ。

防災出前授業の開催は、二三年度までで二十五校に達した。地域や学校ごとに、日本赤十字社福岡県支部やＳＯＮＹ、ソフトバンク、大賀薬局など様々なパートナーとともに実施している。企画運営の中心は太田主幹だが、東峰村立東峰学園での実施には「アサデス。ＫＢＣ」のレギュラー出演者であるKis-My-Ft2の宮田俊哉も参加した。

ＫＢＣと自治体の防災担当責任者で定期的に開く「防災ネットワーク会議」は、参加者が百人近くに増えて来たことから、全エリア（福岡・佐賀県）を対象とした会議だけでなく、「北九州エリア」や「佐賀エリア」など地域を絞った会議も並行して開催するまでになった。

若手公務員が放送局で研修

地域戦略の一環として、ＫＢＣは二〇年度から、自治体公務員の研修受け入れを始めた。三十歳前後の若手が一年間、自治体からＫＢＣに派遣され、テレビ情報番組の現場取材からラジオの番組進行、「ふるさとＷｉｓｈ」の企画・実施まで、各職場で実地に研修する。

一期生の河野大輔（大牟田市）、福山千鈴（那珂川市）から、切れ目なく毎年続いており、二四年度の五期生で合わせて十三人となる。「ＫＢＣが百周年を迎えるころには、福岡・佐賀のすべての自治体にＫＢＣで働いた経験者が必ずいるようになる」というのが狙いの先の長い取り組みだ。

自治体からの研修受け入れは、ＫＢＣに外から新しい風を呼び込むことでもある。「放送局の常識は世間の非常識」と言われて久しい。研修生には、放送局の業務やそこで働くスタッフの思いを知ってもらう一方、「このやり方は世間から見ておかしいのではないか」という疑問や提案の声を上げてもらうようお願いしている。研修生の修了発表会には、送り出した自治体の首長とＫＢＣ社長も参加して、一年間の成果を確認しあっている。

ＫＢＣは自治体以外にも、ＪＲ九州、ソフトバンク球団、地域通信会社のＱＴネット、ＤＩＹチェーンのグッデイから研修生を受け入れ、「地域とともに」「外部とコラボ」という経営計画を実践している。また、二四年からはＫＢＣ社員一人が北九州市役所への出向を始めた。

ｄボタンを活用して自治体の広報誌に

ＫＢＣは地域戦略の一環として、テレビのデータ放送を活用した自治体ごとの情報配信システム「ｄボタン広報誌」を開発し、二一年からサービスを始めた。「地デジ」化以降、テレビ受信機は設置時に郵便番号を登録する仕組みになっている。これを利用して、視聴者が自分の住む自治体（市町村や区）ごとの情報をリモコンのｄボタンを押すだけで簡単に見ることが出来るようにしたものだ。

このサービスは、防災や災害時の避難情報をきめ細かく住民に届けられないだろうか、という思いが発端だった。防災協定を自治体と順次、締結したＫＢＣとして、これまで以上に何が出来るかを模索した結果だ。データ放送を活用した自治体情報の発信では北海道文化放送が先行して手掛けており、その経験をＫＢＣに伝えていただいた。技術的には可能だが、コンテンツ（情報内容）を管理するシステム（ＣＭＳ）の構築には投資が必要で、ビジネスとするには月額利用料を負担する一定数の自治体を確保しなければ成り立たない。そのセールスが出来るかがカギとの教示を受けた。

幸いなことにＫＢＣは、防災ネットワークを自治体と構築、「ふるさとＷｉｓｈ」を通じて信頼関係を積み上げており、サービスの中身次第で自治体向けセールスは可能と判断した。地域企画部（二三年四月から地域プロデュース本部に拡大）が自治体ごとに、首長、幹部、広報担当職員の各層に「ｄボタン広報誌」のサービス内容を説明し、採用を呼びかけた。

サービス開始時期が新型コロナの感染拡大期と重なったことも、採用を後押しした。自治体はワクチン接種の詳細な情報を、住民にタイムリーに伝える必要に迫られていた。それまでのタブロイド紙による月一、二回発行の広報誌では、日々変更となるワクチン接種情報は追いつかない。かといって、インターネットの自治体ホームページには、高齢者などがアクセスしづらい。リモコンのｄボタンを押せば、テレビのデータ放送画面で自治体ごとの情報をすぐに確認できる仕組みは、コロナ対応に打ってつけだった。

情報を発信する自治体の現場職員にとっても、ホームページ掲載用に用意したテキスト情報をそのままＣＭＳに取り込めるので、手間がかからない。新しく入力した情報は数分でデータ放送画面に反映されるので、時々刻々の変化にも対応できる。もともとは災害時のきめ細かい避難所情報の伝達を想定して作り上げた仕組みだが、新型コロナという想定外の災厄に威力を発揮した。

サービスを採用する自治体は二四年四月現在で、福岡・佐賀両県の八十自治体で半分の四十にまで拡大した。年間契約で毎月の利用料を支払ってもらう仕組みであり、料金は各自治体の次年度予算案に盛り込まれ、議会で承認されている。二三年度実績で総額四〇〇〇万円強の収入規模ではあるが、放送局のこれまでの主軸である広告収入モデルとは違う、サービス対価を月極め定額でいただくモデルに道を開いたことになる。

データ放送を活用した自治体情報の発信サービスは、多くのローカル局で試行錯誤が続いている。ＫＢＣでは、積極的な取り組みを進めている北海道文化放送、静岡朝日テレビ、広島ホームテレビ、南日本放送、琉球朝日放送に系列を超えて呼びかけ、二四年からサービス向上の意見交換会を始めた。

古希で衣を着替える

ＫＢＣは二三年四月一日、認定放送持株会社の「ＫＢＣグループホールディングス（ＨＤ）」と放送免許会社の新しい「九州朝日放送」に分割され、新たな体制のスタートを切った。創立から七十年目を迎えていた旧・九州朝日放送は、その前日をもって役割を終えた。それは、ＫＢＣが三十年後も「百年企業」として地域で存在感を示し続けるための「進化」だった。

新しいＫＢＣグループのカタチには四年の役員討議と一年の準備期間をかけた。一八年六月五日の常務会で示された、一枚の社長ペーパー「グループ戦略の具体化に向けた役員討議を始めるにあたって」がスタートだった。解決すべき課題として次の三点が指摘されていた。

1　現行の本社と関連会社との親子垂直関係、格差構造
2　現行体制が新たなＭ＆Ａや他社との資本・業務提携に制約的であること
3　現行体制が放送業界の将来に対応するうえで硬直的であること

さらに、「新しいカタチ」を構築する際に踏まえねばならない前提として次の三項目をあげている。

1　労使関係
2　認定放送持株会社制度などに関する放送行政
3　ブラックボックス化した関連会社三社のカネ・ヒト・業務の洗い出し

その上で、「新しいカタチの構築は、現在の中計期間中の業績に直接に資するものではなく、移行に向けた労力や経費は負担にすらなる。しかし、ＫＢＣが百年企業を目指すには先送りできないことを理解されたい」と締めくくっている。

役員会の文書なので表現は硬いが、ざっくばらんにいえば「昔ながらのご本社－下請けの関係を続けていたら、グループとして発展なんか出来っこない。こんな内向きな会社と提携したいと思う企業はないよ。メディア環境ががらがら変わっていく中で、これまで通りでなんとかなるはずないじゃない。だから、われわれ自身が変わりましょう」ということだ。

この時から、通常の常務会とは別に月一回のペースで「グループ戦略」討議を重ね、監査法人トーマツの専任チームの助言を得ながら、新しいカタチを具体化していった。二二年一月に成案をまとめ、三月の取締役会で承認を得た上で、「二〇二三年四月一日付けでの認定放送持株会社体制への移行」を対外公表した。

旧・九州朝日放送は、法人としては持株会社に継承されるが、その社員は新・九州朝日放送に全員が転籍となる。移行にあたって、経営陣は社員の待遇等に一切の変更がないことを説明し、労働組合の理解を得た。同時に、グループ内の各社の役割を明確にし、事業会社間の水平分業構造を強調。「グループ会社間の待遇格差はこれ以上拡大させず、着実な縮小を目指す」ことを約束した。

新体制への移行に合わせ、グループのＫＢＣ映像は音声を含むコンテンツの制作機能会社「ＫＢＣ

ＭｏｏＶ」に、ＫＢＣメディアはプロモーションやイベント企画のハブ機能会社「ＫＢＣ　ＵＮＩＥ」に名を改めた。同時に、グループとしてブランド戦略を徹底し、ＫＢＣのロゴを四十年ぶりに一新した。

一九五三年創立の旧・九州朝日放送で第十四代にして最後の社長となった和氣は、新体制移行に合わせてＨＤ初代社長の森山二朗と新・九州朝日放送の初代社長の森君夫に経営のタスキを渡した。森山は朝日新聞の政治記者出身で、北海道支社長や北海道テレビの常務を務めて来た。森は新卒でＫＢＣに入社した社員から初の社長就任となった。

地域プロデュース集団を目指す

認定放送持株会社への移行は、前章でもふれたようにブロック統合を目指すものではないし、外部企業による株式買収への対策が主眼でもない。狙いはグループの持つパワーを最大化することであり、さらに外部企業との相互利益的な提携を進めやすくするためだ。

これまでの放送ビジネスをそのまま続けて行くだけでは、どのようにファイン・チューニングしたところで、三十年後の「百周年」はおろか十年後も厳しいだろう。では、どのように「進化」するのか。新体制となったＫＢＣは、「地域をプロデュースする企業グループ」になることを標榜している。地域の情報を取材・編集し、発信する放送事業を幹にして、地域が持つ潜在力を引き出し、より魅力あるものへと後押しする。グループのベンチャー企業として二〇二〇年に創業した「Ｇｌｏｃａｌ Ｋ」が地元自治体の課題解決を目指し、まちづくりのコンサルティングや公務員、ＮＰＯ関係者の研修事業に取り組んでいるのは、その具体例だ。

特定の地域（ＫＢＣの場合は福岡・佐賀両県とその周辺）において、情報を核にしたコングロマリットを形成する。現在のコアビジネスが放送、それもテレビであることに間違いないが、放送局が地域で圧倒的な優位性のあるうちに、新たなコアを作り上げねばならない。それは放送局の枠を超えて、これまで以上に地域経済に関与していくことでしか実現しないだろう。

放送事業をなんとか維持しつつ、不動産事業が下支えする間に、新たなコア事業の灯が見えて来るか。ＫＢＣが八十周年を迎えるころには、結果が明らかになっているはずだ。

ローカル局の最後の拠りどころ

金融市場が揺らぎ、一時的な資金不足に陥った金融機関に対して、最後の貸し手となるのは中央銀行である。しかし、経営が行き詰まったローカル局の「ラストリゾート」は総務省ではないのだろう。では、いずれかの民放テレビ系列に属していれば、自動的に東京キー局が救いの手を差し伸べてくれるのか。

ローカル局のラストリゾートは、地域の視聴者、住民にほかならない。地元の人々にとって、なくてはならないメディアとなること。潰れてしまっては取り返しのつかない存在と認識されることこそが、ローカル局の「最後の拠りどころ」だろう。

ＫＢＣが一八年から地域戦略に力を注ぎ続けているのは、そうした存在として地元のみなさんに支持していただけると信じているからだ。もちろん、経営陣としては甘いとの指摘もあるかもしれない。省力化を進め、自社制作番組を最低限にして、黒字を確保する道筋もあるだろう。しかし、その先にあるのはローカル局の生き残りでなく、キー局の出先、中継施設としての存続である。

放送業界と一括りにして将来を見通すのは難しい段階を迎えた。その主軸であるテレビ局にしても、東京のキー局（および大阪、名古屋の広域局）とそれ以外の「ローカル局」では大きく異なる。

東京キー局は、首都圏という全国の三分の一のマーケットを背景に、規模のメリットを生かしてコンテンツ制作力、企画・営業力、資金力で抜きんでた存在である。ネット動画配信で自前のプラットフォームも抱えながら、コンテンツの制作拠点として磨きをかけている。

一方のローカル局は、マーケットが限定されるうえ、地域の人口も縮小している。六十年以上昔の設立当初には、東京や大阪の複数局から選り取りで番組を編成することも出来たが、ネットワークに順次組み込まれ、キー局の「恩恵」で確実な利益を謳歌して来た歴史がある。そのツケが、メディア環境が大きく変化する中であらわになりつつある。もちろん、生き残りに向けて積極的なチャレンジを続けるローカル局は、系列を問わずに存在する。ＫＢＣもその一つである。

「メディアは地域とともにあり、地域はメディアとともにある」と社長時代の和氣は社内で言い続けた。それは、日本で最初の公立大学である市立大阪商科大学の一九二八（昭和三）年の設立時に、大阪市長の関一（せき・はじめ、元東京高商教授）が唱えた「大学は都市とともにあり、都市は大学とともにある」という名言をなぞらえたものだった。

関の言葉には続きがある。「市立商大は、国立大学のコッピーであってはならない」。これをも引き合いにして、ＫＢＣの来し方行く末を記した本書を締めくくりたい。

「ローカル局は、キー局のコピーであってはならない」

文献一覧

基本文献

九州朝日放送編『九州朝日放送三十年史』一九八三
九州朝日放送編『九州朝日放送五十年史』二〇〇四
日本民間放送連盟編『民間放送七十年史』二〇二一
歴史学研究会編『日本史年表（第五版）』岩波書店 二〇一七
土屋礼子編『日本メディア史年表』吉川弘文館 二〇一八
土屋礼子・井川充雄編著『近代日本メディア人物誌 ジャーナリスト編』ミネルヴァ書房 二〇一八

参考文献（社史等は参照頻度順）

朝日新聞社編『朝日新聞社史 昭和戦後編』一九九四
朝日放送編『朝日放送の五十年』二〇〇〇
全国朝日放送編『テレビ朝日社史 ファミリー視聴の二十五年』一九八四
テレビ朝日編『チャレンジの軌跡（五十年史）』二〇一〇
東京放送編『TBS五十年史』二〇〇二
日本テレビ放送網編『テレビ 夢 五十年（社史）』二〇〇四

日本テレビ放送網編『日本テレビ七十年史』二〇二四
日本放送協会編『放送五十年史』一九七七
日本放送協会編『20世紀放送史』二〇〇一
RKB毎日放送編『RKB毎日社史　放送十年』一九六二
RKB毎日放送編『放送二十年　RKB毎日社史』一九七三
RKB毎日放送編『放送この十年（三十年史）』一九八一
RKB毎日放送編『RKB三十～四十年（四十年史）』一九九一
RKB毎日放送編『RKB放送史事典（五十年史）』二〇〇一
RKB毎日放送編『RKB五十～六十年史』二〇一一
RKB毎日放送編『RKB六十～七十年史』二〇二一
NHK福岡放送局編『NHK福岡放送局史』一九六二
NHK福岡放送局編『NHK福岡五十年史』一九八一
テレビ西日本編『テレビ西日本十年史』一九六八
テレビ西日本編『テレビ西日本開局五十年史』二〇〇八
福岡放送編『FBS福岡放送五十年史』二〇一九
毎日放送編『社報で綴るMBSのあゆみ』二〇一一
長崎放送編『長崎放送六十年史』二〇一三
西日本新聞社編『西日本新聞百四十年史』二〇一七
吉本興業編『吉本興業百五年史』二〇一七
パナソニック編『パナソニック百年史』二〇一九

久光製薬編『久光製薬百七十年史』二〇一七
博報堂編『博報堂百二十年史』二〇一五
NHK福岡を語る会編『博多放送物語』海鳥社　二〇〇二
博多祇園山笠振興会編『博多祇園山笠振興会七十年史』二〇二四
創思社出版九州編集部編『福岡名士劇総覧』創思社出版　一九八五
大阪市立大学編『大阪市立大学百年史』一九八七

有山輝雄『近代日本メディア史Ⅱ』吉川弘文館　二〇二三
アンディ松本『勝新秘録』イースト・プレス　二〇一七
伊藤正徳『近代日本新聞史』書肆心水　二〇二三
ABCラジオ『ABCラジオ本』三才ブックス　二〇二三
NHK平成ネット史（仮）取材班『平成ネット史』幻冬舎　二〇二一
大場吾郎『テレビ番組海外展開六十年史』人文書院　二〇一七
大森淳郎『ラジオと戦争』NHK出版　二〇二三
神松一三『日本テレビ放送網構想と正力松太郎』三重大学出版会　二〇〇五
川崎隆章『まぼろしの大阪テレビ』東方出版　二〇一六
北浦寛之『東京タワーとテレビ草創期の物語』筑摩書房　二〇二三
木下浩一『テレビから学んだ時代』世界思想社　二〇二一
木村智哉『東映動画史論』日本評論社　二〇二〇
黒岩泰英『夢放送館』海鳥社　二〇〇三

境政郎『そして、フジネットワークは生まれた』扶桑社　二〇二〇
坂本慎一『ラジオの戦争責任』法藏館　二〇二二
佐藤卓己『ファシスト的公共性』岩波書店　二〇一八
佐藤卓己『テレビ的教養』岩波書店　二〇一九
塩田芳久『1950年の西日本パイレーツ』ビジネス社　二〇二一
志柿浩一郎『アメリカ公共放送の歴史』明石書店　二〇二〇
杉本貴司『ネット興亡記』日本経済新聞出版　二〇二〇
鈴木秀美・山田健太編著『よくわかるメディア法（第二版）』ミネルヴァ書房　二〇一九
高木圭介監修『ラテ欄で見る昭和』マイウェイ出版　二〇一九
武田政子『芝居小屋から』海鳥社　二〇一八
田中角栄『日本列島改造論（復刻版）』日刊工業新聞社　二〇二三
田中正恭『プロ野球と鉄道』交通新聞社　二〇一八
谷川健司編『戦後映画の産業空間』森話社　二〇一六
谷川健司編『映画産業史の転換点』森話社　二〇二〇
津堅信之『ディズニーを目指した男　大川博』日本評論社　二〇一六
辻一郎『放送人高橋信三とその時代』大阪公立大学共同出版会　二〇二二
中川一徳『二重らせん』講談社　二〇一九
中川右介『プロ野球「経営」全史』日本実業出版社　二〇二一
中川右介『社長たちの映画史』日本実業出版社　二〇二三
永田大輔・近藤和都・溝尻真也・飯田豊『ビデオのメディア論』青弓社　二〇二二

日本民間放送連盟編『地デジの記録』二〇一三
根岸豊明『テレビ局再編』新潮社 二〇二四
能村庸一『実録テレビ時代劇史』筑摩書房 二〇一四
野崎茂・東山禎之・篠原俊行『放送業界』教育社 一九七六
畑仲哲雄『ジャーナリズムの道徳的ジレンマ』勁草書房 二〇一八
早瀬圭一『無理難題「プロデュース」します』岩波書店 二〇一一
早房長治『村山龍平』ミネルヴァ書房 二〇一八
原真『テレビの履歴書』リベルタ出版 二〇一三
樋口喜昭『日本ローカル放送史』青弓社 二〇二一
ビデオリサーチ編『視聴率五十年』二〇一三
平松恵一郎『テレビ情報誌のメディア史』東京ニュース通信社 二〇二三
放送批評懇談会『放送批評の五十年』学文社 二〇一三
松山秀明『はじまりのテレビ』人文書院 二〇二四
簑葉信弘『BBC イギリス放送協会』東信堂 二〇〇二
民放連研究所客員研究員会編『デジタル変革時代の放送メディア』勁草書房 二〇二一
村上聖一『戦後日本の放送規制』日本評論社 二〇一六
山室寛之『1988年のパ・リーグ』新潮社 二〇一九

あとがき

立派な装丁の社史は、世界文学全集とともに本棚の肥しとも呼ばれます。お付き合いのある企業から分厚い「〇〇年史」が送られてきても、一瞥してすぐに執務室の重厚な書架に入れると、二度と手にすることはまずありません。

ＫＢＣもこれまでに「三十年史」と「五十年史」という、大判で上製、箱入り六〇〇ページもの社史を刊行して来ました。奇特な社員を除けば、社内でもその存在を知るものは多くないのが実情です。

にもかかわらず、創立七十周年とグループ新体制がスタートしたのを記念して、「七十年史」を刊行しようということになりました。この機を逃すと、この先、百周年まで作らないだろうと思えたからです。ただし、一線の社員は現在、未来に向けての格闘に大わらわで、過去を振り返って社史を編さんする余裕などありません。旧社最後の社長として、区切りの幕を引いた者が適任だろうと引き受けました。

もちろん、本棚の肥しになってはせつない。作るなら、手に取って読んでもらいたい。それも関係者だけでなく、一人でも多くのみなさんに。そう考えると、手前味噌に自社の成功物語を書き連ねるわけにはいきません。ＫＢＣの紆余曲折を縦糸にしつつ、その折々の政治、経済、社会や放送業界の動きを横糸に、民間放送の戦後の歩みを振り返る読み物として編むことにしました。

アーカイブではなく読み物ですから、ページ数も読みやすい単行本並みに抑えました。執筆者が一人なのを幸いに、ＫＢＣ七十年間の記録やエピソード、証言は大胆に取捨選択しました。結果、失礼ながら取り上げなかった先人の経験、メモリアルな番組が多くあります。本文の登場人物に敬称を略させていただいたことと合わせ、ご了解いただきたく思います。

本書でＫＢＣに興味を持っていただいたメディア研究者のみなさんには、記録がほぼ漏れなく残されている「三十年史」と「五十年史」、さらにその後の二十年間についてはＫＢＣの社内データベースに保存されているアーカイブをご活用いただきたいと思います。

書名を『ローカル局の戦後史』としたのは、ＫＢＣが文字通りローカル局だからというだけでなく、戦後に誕生した民間放送は本来、（現在の東京キー局も含めて）地域に立脚したローカル局だったからです。それが七十有余年を経た今、どのような状況にあるのかを考えていただきたい、との思いを込めました。

社史の刊行は、企業とそれを構成する者に「原点」確認を促す契機でもあります。今はなき堤清二氏が率いた西武セゾングループ、その流れをくむ無印良品の「くらしの良品研究所」は印象的なコピーを掲げていました。それは、「くりかえし原点、くりかえし未来。」です。ＫＢＣの仲間が、本書によって原点と未来を考え続けてくれたら、最高です。

本書を編むにあたって、（書架に鎮座していた）民放各社の「周年史」をほぼ一年かけて読み込みました。また、在福岡のＲＫＢ毎日放送、テレビ西日本、福岡放送、ＴＶＱ九州放送およびＮＨＫ福岡放送局の各代表には貴重な資料をご提供いただきました。あらためてお礼申し上げます。放送免許やネットワーク形成にかかわるいきさつで、ＫＢＣの社史だけではもやもやしていたことと、同じ出来事でも違った解釈があることに、新たな光を当てることが出来ました。もちろん、まだ明らかでない事柄も残っているけれど。

もとより、本書の記述や参考文献・資料の扱い、引用については注意を払ったつもりですが、不行き届きがあれば、執筆者の責任です。読者の叱正を待ちたいと思います。

本書を、ＫＢＣの七十年間にご縁のあったみなさんはもとより、地域で日々汗を流し、知恵を絞り続けているすべてのローカル局関係者に届けます。

二〇二四年盛夏

執筆責任者（九州朝日放送・前社長）　和氣　靖

KBC九州朝日放送年譜

年代	西暦	KBC（ゴチック）と放送の動き	日本と世界の出来事
明治三九	一九〇六	12・24フェッセンデンが米で世界初のラジオ放送	
大正三	一九一四		7・28第一次世界大戦勃発（〜一八年）
九	一九二〇	11・2米KDKA局がラジオ放送開始	
一二	一九二三		9・1関東大震災発生
一四	一九二五	3・22社団法人東京放送局がラジオ仮放送	
一五	一九二六	8・20日本放送協会（「中央放送局」）発足	
昭和三	一九二八	11・1ラジオ体操の放送開始	
六	一九三一		9・18満州事変起こる。日中十五年戦争へ
一一	一九三六		2・26クーデター未遂の二・二六事件発生
一四	一九三九	5・13日本放送協会がテレビの実験放送	9・1独軍がポーランド侵攻。第二次世界大戦に。
一六	一九四一	12・8対米英開戦、大本営発表のラジオ臨時ニュ	太平洋戦争始まる

昭和二〇	一九四五	ース 8・15「終戦の詔書」ラジオから玉音放送	8・6広島に原爆 8・9長崎に原爆 日本、無条件降伏で敗戦
戦後	一九四五		9・2GHQによる対日占領スタート 12・17衆議院選挙法改正で女性に参政権
二一	一九四六	7・1ラジオで「尋ね人」開始	4・10戦後初めての総選挙で女性議員三十九人 11・3日本国憲法公布（四七年五月三日施行）
二二	一九四七	10・16GHQが放送法案に「ファイスナーメモ」提示	12・7金栗賞朝日マラソンが熊本で開催
二五	一九五〇	4・26電波三法が成立（六月一日施行） 6・1政府に電波監理委員会設置（～五二年七月三一日）、特殊法人「日本放送協会」（NHK）発足 **秋「久留米放送」がラジオ局設立に名乗り**	6・25北朝鮮、韓国に侵攻。朝鮮戦争勃発。
二六	一九五一	**1・10「西日本放送」に改称してラジオ免許申請**	1・30西日本パイレーツ消滅、合併で

		4・21民放第一陣として十六社にラジオ予備免許、西日本放送も予備免許（ＪＯＧＲ）得る 7・20十六社で日本民間放送連盟の設立総会 9・1中部日本放送、新日本放送がラジオ開局	西鉄ライオンズに 9・8サンフランシスコ講和会議で平和条約締結——日本が独立主権を回復
二七	一九五二	1・29西日本放送、資金不足で予備免許を返上	
二八	一九五三	2・1ＮＨＫ、東京放送局でテレビ放送開始 5・15郵政省、「久留米のラジオ局」に再度の電波割当 8・18西日本放送、「九州朝日放送」として設立総会 8・28日本テレビ、民放として初のテレビ開局 12・24九州朝日放送（ＫＢＣ）ラジオ試験放送開始	3・5ソ連のスターリン書記長死去。世界不況に 7・27朝鮮戦争が「停戦」
二九	一九五四	1・1ＫＢＣラジオ（ＪＯＩＦ）、久留米市で正式開局	
三〇	一九五五		10・13左右の社会党が統一（鈴木茂三郎委員長） 11・15保守合同で自由民主党結成（鳩山一郎総裁）
三一	一九五六	2月　郵政省、テレビ周波数の割当基本方針策定	春　福岡の駐留米軍向けラジオＦＥＮ

		5・6ＫＢＣに福岡地区10ｋｗのラジオ電波割当 11・22 福岡エリア初のテレビ免許がラジオ九州に 12・1ＫＢＣラジオ、博多・中洲に移転、放送開始	が出力減に 7・17経済白書が「もはや戦後ではない」と記述 12・18日本、国連に加盟
昭和三二	一九五七	1月 郵政省、テレビ「基本方針」を修正し全国普及へ 6月 郵政省、テレビ「チャンネルプラン」公表 7月 ＫＢＣ「城戸事件」起こる 7・10田中角栄が三十九歳で郵政相就任 9月 ラジオドラマ「小天狗霧太郎」スタート 10・10田中郵政相、全国四十三局にテレビ免許 10・22ＫＢＣに福岡エリアのテレビ免許 12・1ＫＢＣラジオ、国際マラソンをラジオ中継	春 駐留米軍がレーダー使用の周波数を順次返還 8・1水俣病患者互助会結成
三三	一九五八	3・1ラジオ九州が福岡エリア初のテレビ開局 10・29ＫＢＣテレビタワーが完工	
三四	一九五九	2・3ＫＢＣ、福岡市中央区長浜の新社屋に本社移転 3・1ＫＢＣ、福岡エリアでテレビ放送開始 4・10皇太子ご成婚パレードをテレビ中継 12・27ＫＢＣ座元で第1回「福岡名士劇」（〜八	6・15厚生省、小児マヒを指定伝染病に 11月 朝日国際マラソンの福岡開催が定着

三五	一九六〇	四年） 7・15ＫＢＣ、博多祇園山笠を初のテレビ中継	6月　日米安保改定で国会包囲、自然承認受け岸信介首相退陣 10・12立会演説会で浅沼社会党委員長が刺殺される 12・27池田勇人首相「国民所得倍増計画」を閣議決定
三六	一九六一	6月　郵政省「チャンネルプラン」の修正 7月　ＫＢＣに関門エリアのテレビ免許	
三七	一九六二	2・14ＫＢＣテレビが北九州開局、福岡全県をカバー 5・28ＫＢＣ、株主総会で初の配当を議決	
三八	一九六三	1月　朝日新聞社でネットワーク構想が浮上 1・25ＮＥＴ社内にネットワーク委員会出来る 11・22ケネディ米大統領暗殺。日米のテレビ衛星中継の初画像に。 12・24朝日新聞社で「村山騒動」	2・10北九州市発足、五市合併で「政令百万都市」に 3・31吉展ちゃん誘拐事件
三九	一九六四	7・1フジテレビがＫＢＣにネット打ち切り通告 8・4ＫＢＣとＮＥＴが「協定書」結ぶ 10・1ＫＢＣテレビはＮＥＴフルネットに	9・23読売新聞、北九州市で西部本社版の発行開始 10・1東海道新幹線開業

昭和四一	一九六六	9・21自社制作テレビ「トニーど素人てんぐショー」開始	10・10東京五輪が開幕
四二	一九六七	4・8福岡県知事選立会演説会のテレビ中継巡り県選管と対立	12月　松下電器が「ラジカセ」を発売
四三	一九六八	10・2ニッポン放送で「オールナイトニッポン」スタート	1月　米空母反対の学生が警察と衝突する「博多駅事件」――米原子力空母エンタープライズが佐世保に入港 6・15東大安田講堂を学生らが占拠 10・21新左翼学生による「新宿駅騒擾事件」
四四	一九六九	8・28博多駅事件で、地裁が取材フィルムの提出命令 11・26最高裁、提出命令は憲法に違反せずとの決定 12・24エフエム愛知を皮切りに、FMラジオの開局続く	1・19機動隊、東大安田講堂の封鎖解除
四五	一九七〇	3・4地裁、KBCなど四局でフィルム押収	3・15大阪万博が開幕

四七	一九七二	4・4テレビ「マキシンの東芝ハレハレ555」スタート 5・30テレビ「パンチヤングFUKUOKA」放送開始	3・31赤軍派学生、日航よど号をハイジャック 2月　連合赤軍の残党、浅間山荘に人質を取り立てこもる 5・15沖縄が日本国に復帰 6・11田中角栄、総裁選前に「日本列島改造論」発表 7・6田中角栄首相就任（〜七四年一二月九日） 9・25田中首相が訪中し、日中国交正常化で合意 秋　プロ野球、西鉄がライオンズから手を引く
四八	一九七三	8月　男子プロゴルフの第一回「KBCオーガスタ」	10月　第四次中東戦争で、湾岸諸国が石油価格上げ——「石油ショック」でトイレットペーパーのパニック発生 12・14豊川信金でデマから取り付け騒ぎ発生

昭和四九	一九七四	4・1在京民放テレビ五社と全国紙五紙の資本系列化が完成	8・30丸の内の三菱重工業ビル爆破事件で死者八人
五〇	一九七五	3・31大阪のABCテレビがNETにネット変更、「腸ねん転」解消	3・10新幹線が博多まで開業
五一	一九七六	12・24ラジオ「チャリティー・ミュージックソン」初回	7・27田中角栄元首相、ロッキード事件で逮捕 9・9毛沢東死去
五三	一九七八		10月　ライオンズの所沢移転で福岡から球団消える 12月　中国共産党11期3中全会で文化大革命の清算と改革開放路線決定
五四	一九七九	10月　洋楽販売で「タワーレコードKBC」開業	
五五	一九八〇	10・1KBC、報道ヘリ「おおぞら」をチャーター契約	
五八	一九八三	5・30ラジオ「PAO～N　ぼくらラジオ異星人」放送開始	
五九	一九八四	12月　KBC報道部記者が「ニセ手紙事件」	
六〇	一九八五	10・7テレビ朝日系で「ニュースステーション」	4・1電電公社が民営化、NTTに。

		始まる	新電電も新規参入
六一	一九八六	4・7朝のテレビワイド「モーニング・モーニング」スタート	9・22G5蔵相、ドル高是正の「プラザ」合意
六二	一九八七	3・27本社新社屋「KBCビル」が完成	
六三	一九八八	6月　旧社屋一階に「KBCシネマ北天神」オープン 夏　旧社屋スタジオ跡にディスコ「マハラジャ」開店	10月　南海がホークスをダイエーに譲渡、福岡に移転
六四	一九八九		1・7昭和天皇が崩御、平成と改元
平成元	一九八九	10・30深夜の若者向けテレビ「ドォーモ」放送開始	3・17福岡市で「アジア太平洋博覧会（よかトピア）」開幕（〜九月三日） 6・4中国で民主化弾圧の天安門事件 12・29「バブル経済絶頂期」で東証株価がピークに
二	一九九〇	4・10KBCラジオ「INPAX」編成に（〜九三年三月）	8・2イラクがクウェート侵略 11・17雲仙普賢岳が百九十八年ぶりに噴火

平成 三	一九九一	6・3雲仙普賢岳で火砕流発生、四十三人が焼死 6・5ＡＮＮ雲仙取材班四人の遺体確認	3・8ＮＴＴ移動通信企画（ドコモの前身）設立 12・25ゴルバチョフ大統領辞任、ソ連消滅
四	一九九二	12・6福岡国際マラソンのＴＶ中継がテレ朝系に	
五	一九九三		5・15サッカー「Ｊリーグ」が開幕
七	一九九五		1・17阪神・淡路大震災発生 3・20営団地下鉄でサリン事件。オウム真理教に捜査 11・23「Ｗｉｎｄｏｗｓ95」日本発売。インターネット元年に
八	一九九六		3月「アビスパ福岡」Ｊリーグに参戦 6・13福岡空港でガルーダ航空機が墜落事故
九	一九九七	4・29環境テーマに「水と緑のキャンペーン」スタート 6・10福岡放送で「スポットＣＭ不正事件」が発覚	7・1香港が中国に返還
一〇	一九九八	3月　ＫＢＣラジオが四夜連続の「伝説ライブ」 12月　ＫＢＣシネマが移転再開	

一一	一九九九	11・11全館テナントの新KBCビル完成	
一二	二〇〇〇	12・1東京キー局のBSテレビ五局が同日開局	
一三	二〇〇一	4月　テレビ朝ワイド「アサデス。KBC」開始	9・11米国同時多発テロ事件発生
一六	二〇〇四		10月　ダイエー、ホークスをソフトバンクに譲渡
一七	二〇〇五		3・20福岡県西方沖地震が発生 3・25愛知万博「愛・地球博」開幕（～九月二五日）
一八	二〇〇六	2・10年一作の自社ドラマ「福岡恋愛白書」初回放送 4・1民放テレビで「ワンセグ」サービス始まる 12・1KBCテレビ、「地デジ」転換	
二〇	二〇〇八		7・11アップル社のiPhoneが日本でも売り出し 9・15リーマン・ショックで世界金融不安に
二二	二〇一〇	3・15インターネット配信「radiko」スタート	
二三	二〇一一		3・11東日本大震災、福島原発事故で原子力緊急事態宣言

平成二四	二〇一二	3・31日本の地上波テレビ、デジタル化完了 4・8テレビ「前川清の笑顔まんてんタビ好キ」スタート	
二六	二〇一四	12・1民放中波ラジオにＦＭ補完放送導入	
二七	二〇一五	10・26民放テレビのインターネット配信「ＴＶｅｒ」開始	
二八	二〇一六	3・28ＫＢＣラジオでＦＭ補完放送始まる	4月　熊本地震で最大震度7が二回
三〇	二〇一八	6・11自治体との「防災協定」第一号、柳川市と結ぶ	
三一	二〇一九	1・12ＫＢＣ「ふるさとＷｉｓｈ」久留米からスタート 4・1スマホ向けに「アサデス。アプリ」サービス開始	4・30平成天皇が退位、元号は令和に
令和　元	二〇一九		12月　中国武漢で新型コロナ感染者、世界的流行に
二	二〇二〇		4・7新型コロナ感染拡大で安倍首相「非常事態宣言」
三	二〇二一	4・1自治体住民向けデータ放送「ｄボタン広報誌」開始	

		6月　中波ラジオ四十四局が「二八年秋にFM転換目指す」と宣言	
四	二〇二二	3・25KBC、認定放送持株会社への移行方針を発表 12・4KBCテレビ、福岡国際マラソンで放送主管に	2・24ウクライナにロシアが侵攻 7・8安倍元首相が奈良で、参院選の街頭演説中に暗殺
五	二〇二三	4・1KBCグループが新体制に移行 8月KBCオーガスタ五十回記念大会開催	5・6WHOが新型コロナ「緊急事態宣言」を終了 10・7パレスチナ・イスラエル戦争が勃発
六	二〇二四	10・1KBC七十年史刊行	1・1能登半島地震が発生 4・22東証株価、バブル以来三十四年ぶりに最高値更新

一九六二年二月一日時点の民放テレビ・ネットワーク

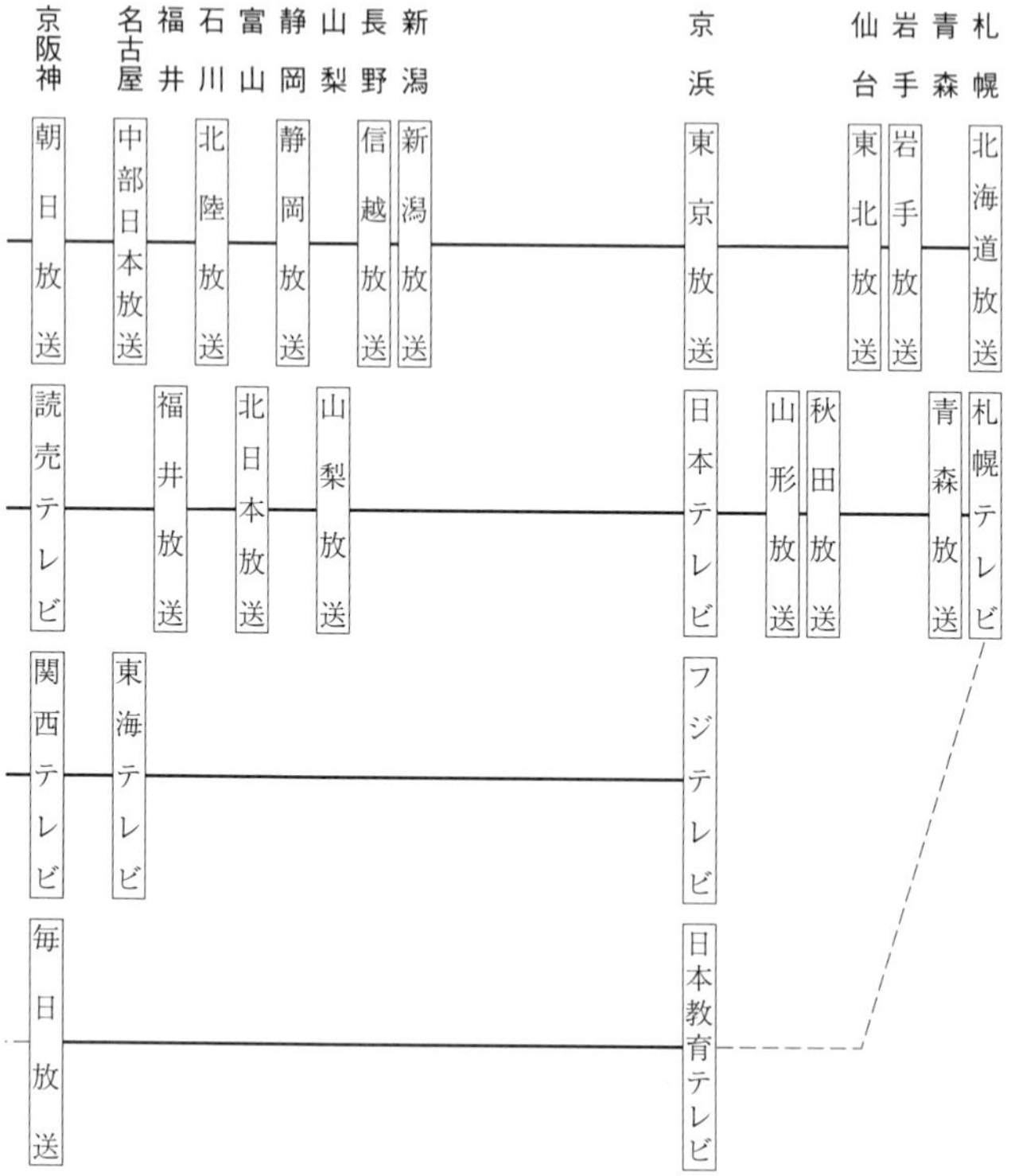

一九六二年二月一日時点の民放テレビ・ネットワーク

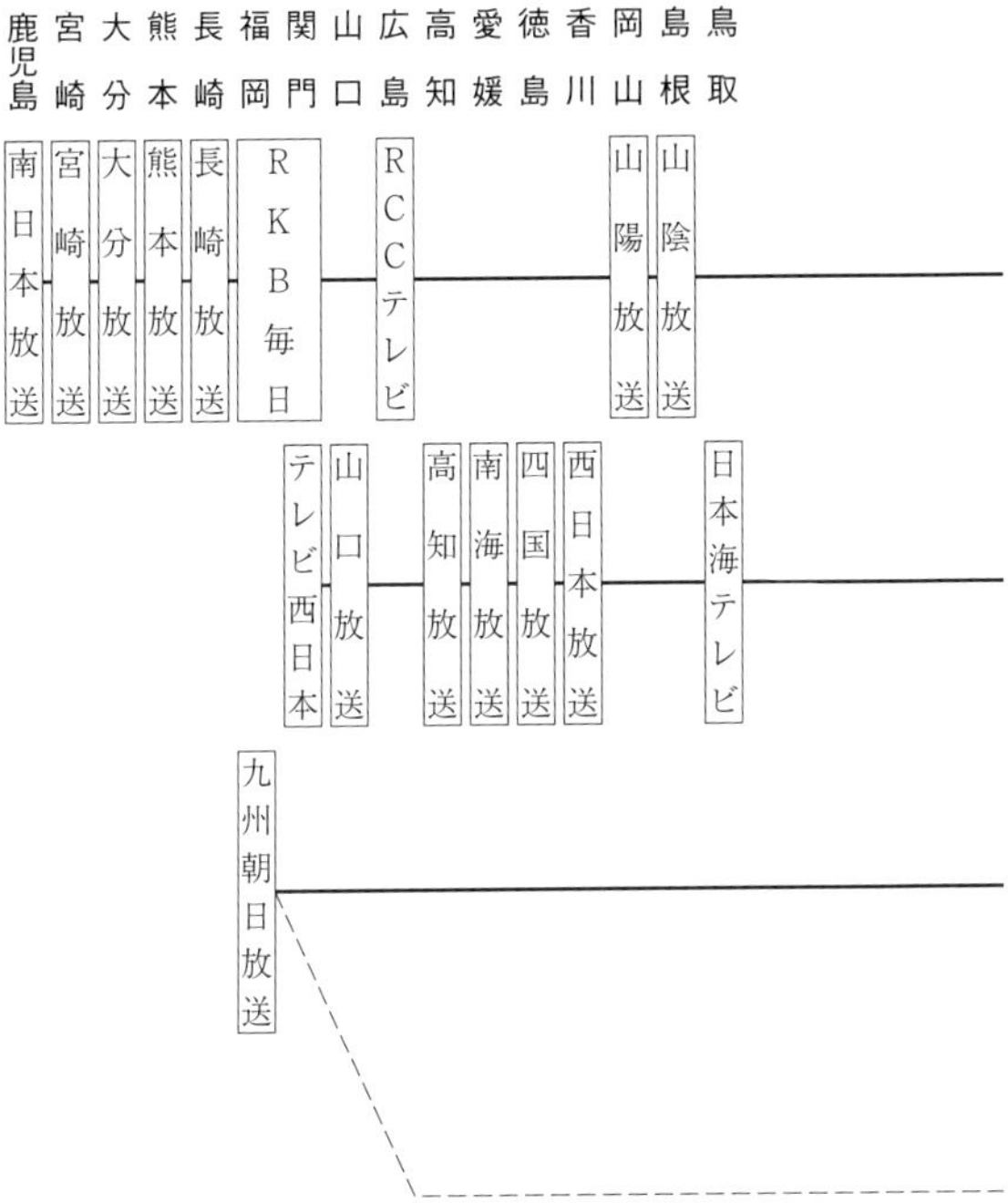

注：「関門」と「福岡」は別エリア扱いだった。実線は主たるマイクロ回線でつながっている局、破線はそれに準じる関係。

出典：早川善次郎「最近のテレビ界素描」（一九六二）の図表をもとに、一部修正。

二〇二四年四月の全国民放・地上波テレビ一覧

	JNN（二十八社）	NNN（三十社）	FNN（二十八社）	ANN（二十六社）	TXN（六社）	独立協（十三社）
北海道	北海道放送	札幌テレビ放送	北海道文化放送	北海道テレビ放送	テレビ北海道	
青森	青森テレビ	青森放送		青森朝日放送		
岩手	IBC岩手放送	テレビ岩手	岩手めんこいテレビ	岩手朝日テレビ		
宮城	東北放送	宮城テレビ放送	仙台放送	東日本放送		
秋田		秋田放送	秋田テレビ	秋田朝日放送		
山形	テレビユー山形	山形放送	さくらんぼテレビジョン	山形テレビ		
福島	テレビユー福島	福島中央テレビ	福島テレビ	福島放送		
東京	TBSテレビ	日本テレビ放送網	フジテレビジョン	テレビ朝日	テレビ東京	東京メトロポリタンテレビジョン
群馬						群馬テレビ
栃木						とちぎテレビ
茨城						
埼玉						テレビ埼玉
千葉						千葉テレビ放送
神奈川						テレビ神奈川
新潟	新潟放送	テレビ新潟放送網	NST新潟総合テレビ	新潟テレビ21		
長野	信越放送	テレビ信州	長野放送	長野朝日放送		
山梨	テレビ山梨	山梨放送				
静岡	静岡放送	静岡第一テレビ	テレビ静岡	静岡朝日テレビ		
富山	チューリップテレビ	北日本放送	富山テレビ放送			
石川	北陸放送	テレビ金沢	石川テレビ放送	北陸朝日放送		
福井		福井放送	福井テレビジョン放送	福井放送		
愛知	CBCテレビ	中京テレビ放送	東海テレビ放送	名古屋テレビ放送	テレビ愛知	
岐阜						岐阜放送

二〇二四年四月の全国民放・地上波テレビ一覧

<table>
<tr><th></th><th></th><th></th><th></th><th></th><th></th><th></th></tr>
<tr><td>三重</td><td></td><td></td><td></td><td></td><td></td><td>三重テレビ放送</td></tr>
<tr><td>大阪</td><td rowspan="6">毎日放送</td><td rowspan="6">読売テレビ放送</td><td rowspan="6">関西テレビ放送</td><td rowspan="6">朝日放送テレビ</td><td>テレビ大阪</td><td></td></tr>
<tr><td>滋賀</td><td></td><td>びわ湖放送</td></tr>
<tr><td>京都</td><td></td><td>京都放送</td></tr>
<tr><td>奈良</td><td></td><td>奈良テレビ放送</td></tr>
<tr><td>兵庫</td><td></td><td>サンテレビジョン</td></tr>
<tr><td>和歌山</td><td></td><td>テレビ和歌山</td></tr>
<tr><td>鳥取</td><td rowspan="2">山陰放送</td><td rowspan="2">日本海テレビ</td><td rowspan="2">TSKさんいん中央テレビ</td><td></td><td></td><td></td></tr>
<tr><td>島根</td><td></td><td></td><td></td></tr>
<tr><td>岡山</td><td rowspan="2">RSK山陽放送</td><td rowspan="2">西日本放送</td><td rowspan="2">岡山放送</td><td rowspan="2">瀬戸内海放送</td><td rowspan="2">テレビせとうち</td><td></td></tr>
<tr><td>香川</td><td></td></tr>
<tr><td>徳島</td><td></td><td>四国放送</td><td></td><td></td><td></td><td></td></tr>
<tr><td>愛媛</td><td>あいテレビ</td><td>南海放送</td><td>テレビ愛媛</td><td>愛媛朝日テレビ</td><td></td><td></td></tr>
<tr><td>高知</td><td>テレビ高知</td><td>高知放送</td><td>高知さんさんテレビ</td><td></td><td></td><td></td></tr>
<tr><td>広島</td><td>中国放送</td><td>広島テレビ放送</td><td>テレビ新広島</td><td>広島ホームテレビ</td><td></td><td></td></tr>
<tr><td>山口</td><td>テレビ山口</td><td>山口放送</td><td></td><td>山口朝日放送</td><td></td><td></td></tr>
<tr><td>福岡</td><td>RKB毎日放送</td><td>福岡放送</td><td>テレビ西日本</td><td>九州朝日放送</td><td>TVQ九州放送</td><td></td></tr>
<tr><td>佐賀</td><td></td><td></td><td>サガテレビ</td><td></td><td></td><td></td></tr>
<tr><td>長崎</td><td>長崎放送</td><td>長崎国際テレビ</td><td>テレビ長崎</td><td>長崎文化放送</td><td></td><td></td></tr>
<tr><td>熊本</td><td>熊本放送</td><td>熊本県民テレビ</td><td>テレビ熊本</td><td>熊本朝日放送</td><td></td><td></td></tr>
<tr><td>大分</td><td>大分放送</td><td>テレビ大分</td><td>テレビ大分</td><td>大分朝日放送</td><td></td><td></td></tr>
<tr><td>宮崎</td><td>宮崎放送</td><td>テレビ宮崎</td><td>テレビ宮崎</td><td>テレビ宮崎</td><td></td><td></td></tr>
<tr><td>鹿児島</td><td>南日本放送</td><td>鹿児島読売テレビ</td><td>鹿児島テレビ放送</td><td>鹿児島放送</td><td></td><td></td></tr>
<tr><td>沖縄</td><td>琉球放送</td><td></td><td>沖縄テレビ放送</td><td>琉球朝日放送</td><td></td><td></td></tr>
</table>

注：白抜き文字の局はクロスネット社

出典：民放連資料。

ソーシャルメディア時代の「大衆社会」論　津田正太郎・烏谷昌幸・山口　仁・山腰修三 編著　四六判三二〇頁 本体三五〇〇円

戦後日本のメディアと原子力問題　山腰修三 編著　四六判二九六頁 本体三〇〇〇円

いま、解読する戦後ジャーナリズム秘史　柴山哲也 著　四六判三四四頁 本体三〇〇〇円

入門メディア社会学　井川充雄・木村忠正 編著　A5判二七二頁 本体二八〇〇円

よくわかるメディア法〔第2版〕　鈴木秀美・山田健太 編著　B5判二六〇頁 本体二八〇〇円

よくわかるメディア・スタディーズ〔第2版〕　伊藤　守 編著　B5判二四八頁 本体二五〇〇円

ポストメディア・セオリーズ　伊藤　守 編著　A5判四〇二頁 本体四〇〇〇円

マンガ・アニメで論文・レポートを書く　山田奨治 編著　A5判二八八頁 本体三五〇〇円

ミネルヴァ書房

https://www.minervashobo.co.jp/

《編者紹介》

KBC グループホールディングス（KBC GROUP HOLDINGS CO., LTD.）

1953年創立の九州朝日放送が認定放送持株会社体制に移行するのに伴い，2023年4月1日に商号を変更。KBC グループは，放送免許事業を承継した新しい九州朝日放送など5社からなる。従業員はグループ合計で約400人。本社は福岡市中央区長浜1-1-1。

ローカル局の戦後史
——九州朝日放送の70年——

2024年10月1日　初版第1刷発行　〈検印省略〉

定価はカバーに
表示しています

編　者　KBC グループホールディングス
発行者　杉田啓三
印刷者　江戸孝典

発行所　株式会社　ミネルヴァ書房
607-8494 京都市山科区日ノ岡堤谷町1
電話代表（075）581-5191
振替口座 01020-0-8076

©KBC グループホールディングス，2024

共同印刷工業・新生製本

ISBN978-4-623-09794-4

Printed in Japan

人名・グループ名索引

あ　行

か　行

さ　行

た　行

や　行

ら　行

わ　行

事項索引

さ　行

た　行

な　行

は　行

や　行

ら　行

わ　行

欧　文